墨人◎编

神奇的植物世界

吉林出版集团股份有限公司

图书在版编目（CIP）数据

神奇的植物世界／墨人编.—长春：吉林出版集
团股份有限公司, 2010. 8
（读好书系列）
ISBN 978-7-5463-3534-6

Ⅰ.①神… Ⅱ.①墨… Ⅲ.①植物–普及读物 Ⅳ.
①Q94-49

中国版本图书馆 CIP 数据核字(2010)第 149267 号

神奇的植物世界
SHENQI DE ZHIWU SHIJIE

编　　者	墨　人	
出 版 人	吴　强	
责任编辑	尤　蕾	
助理编辑	杨　帆	
开　　本	710mm×1000mm　1/16	
字　　数	80 千字	
印　　张	7	
版　　次	2010 年 8 月第 1 版	
印　　次	2022 年 9 月第 3 次印刷	

出　　版	吉林出版集团股份有限公司
发　　行	吉林音像出版社有限责任公司
地　　址	长春市南关区福祉大路 5788 号
电　　话	0431–81629667
印　　刷	河北炳烁印刷有限公司

ISBN 978-7-5463-3534-6　　　　　定价:28.00 元

前言

　　人类作为地球的主宰不过是几十万年的事情，而同样作为生命的载体——植物，却在这个星球上存在了几十亿年。相形之下，我们人类不禁会惊呼：芸芸众生入宇宙时空似微尘一粒，茫茫人海融生命长河如沧海一粟。人类真的太渺小、太年轻了！

　　的确，从生命学的角度来看，植物从某种意义上说，应该算作我们人类的远祖。因为在地球形成的初始阶段，首先出现的是植物，其次是动物。植物通过水和光照，再吸收大气中的二氧化碳（科学家研究发现：地球形成的初始阶段大气层的主要气体为二氧化碳）才逐渐形成、分化和进化的。在植物未对地球大气进行彻底改造前，靠氧气生存的动物是无法出现的。因此，人类是攀附着植物的茎蔓才站在这个星球上的。

　　多少年来，奇异的植物世界向人们展示着它多姿的神采，在岁月的年轮上刻下了一道道深深的印痕，它哺育了人类、哺育了地球上的所有生灵，不论是纤纤小草还是冲天的云杉，我们都可以沿着它的叶脉走进生命的源头。

　　我们从生命学的角度探知了植物对人类生存无可替代的作用。假如我们从其他的角度和层面去接触和认识植物，也许就会发现植物对人类生存的作用远不止如此。当你专注于某一种植物时，你会发现这种植物的美感、动感，甚至能体会到这种植物特有的灵性。这种灵性不仅能促使你对所有植物由好奇到好感、由好感到珍爱的情感升华，还能从中生发对生态环境、濒危物种的忧患意识，产生热爱植物，为植物创造自由生长空间的冲动。

　　这，就是我们编写这本书的初衷！

目录
MULU

植物性变之谜

在美国缅因州和佛罗里达州的森林里，生长着一种叫作印度天南星的有趣植物，它四季常绿，在15年至20年的生长期中，总是不断地改变着自己的性别——从雌性变为雄性，又从雄性变为雌性。

大多数植物都是雌雄同株的，即在一株植物体上既有雌花又有雄花，或者一朵花中同时有雌雄器官，而印度天南星却不断改变性别。早在20世纪20年代，植物学家就发现了印度天南星的这种性变现象。

可是长期以来，人们猜不透其中的奥妙。美国一些植物学家研究发现，大一点的印度天南星有两片叶子，开雌花。中等大小的通常只有一片叶子，开雄花。而在更小的时候，它没有花，是中性的，以后既能转变为雄性，也能转变成雌性。经过进一步的观察，

他们又发现：当印度天南星长得肥大时，常变成雌性；当植物体长得瘦小时，又变成雄性。因此，他们认为，印度天南星的性变现象是植物"节省"能量，生存应变的策略。

原来，植物像动物

印度天南星为多年生草本植物，叶呈放射状分裂

一样，雌性植物产生后代所需要的能量远比雄性植物产生精子所需要的能量多。印度天南星的种子比较大，消耗的能量比一般植物更多。如果年年结果，能量和营养都会入不敷出，结果是植物越来越瘦小，甚至因营养不良而死去。所以，只有长得壮实肥大的植物才变成雌性，开花结果。结果后，植物瘦弱了，就转变为雄性，这样可以大大节省能量和营养。经过一年"休养"，待它们恢复了元气，再变成雌性，又开花结果。

有趣的是，这种植物不光依靠性变来繁殖后代，还利用性变来应付不良环境。植物学家发现，当动物吃掉印度天南星的叶子，或大树长期遮挡住它们的光线时，印度天南星也会变成雄性。直到这种不良环境消失后，它们才变成雌性，繁殖后代。

植物"舞蹈"之谜

工作学习之余,人们喜欢沉醉于优美的乐曲和动人的舞蹈之中。然而,趣味盎然的植物世界,也有不少"舞蹈家"。

向日葵的向阳舞,睡莲在夜幕降临前的闭合舞,是大家熟悉的。含羞草就更有意思了,它不但在黑夜到来的时候会自动合上羽状的叶子,就是在白天,只要你碰它一下,它的叶子也会很快闭合,触动它的力量大一些,连枝干都会下垂,就像一个含羞的少女。

在这批植物"舞蹈家"中,最出色的莫过于舞草和"跳舞树"了。舞草是生长在印度和斯里兰卡的一种植物种子,它的每一片大叶的旁边长着两片小叶,这两片小叶就像贪玩的孩子,从早到晚一刻不停地跳着舞,直到夜晚才安静下来。在我国西双版纳勐腊县尚勇镇附近的原始森林里,有一棵会"跳舞"的小树。在这棵小树旁边播放音乐,小树便会随着音乐的节奏摇曳摆动,翩翩起舞。更令人惊奇的是,如果播放的是轻音乐或抒情歌曲,小树的舞蹈动作便随着节奏变动,音乐越优美动听,小树的动作越婀娜多姿;如果播放的是雄壮的进行曲或嘈杂的音乐,小树反而不"跳舞"了。因此,当地群众给它取了小名——"风流树"。

这些高等植物为什么会"跳舞"呢?植物学家一直在探索其中的奥秘。现在有两种说法:一种认为是植物体内生长素的转移引起的植物细胞生长速度变化所致;另一种则认为是由植物体内微弱的生物电流的强度与方向变化所致。虽然两种看法各执一词,但随着植物学家的深入研究,这一奥秘是一定可以解开的。

朝着太阳生长的向日葵

生性敏感的含羞草

植物睡眠之谜

　　睡眠是我们人类生活中不可缺少的一部分。经过一天的工作或学习，人们只要美美地睡上一觉，疲劳的感觉就都消除了。动物也需要睡眠，有些动物甚至会睡上一个漫长的冬季。可现在说的是植物的睡眠，也许你就会感到新鲜和奇怪了。

　　其实，每逢晴朗的夜晚，我们只要细心观察周围的植物，就会发现一些植物已发生奇妙的变化。比如，公园中常见的槐树，它的叶子由许多小羽片组合而成，在白天舒展而又平坦，可一到夜幕降临时，那无数小羽片就成对成对地折合关闭，好像被手碰撞过的含羞草叶子，全部合拢起来，这就是植物睡眠的典型现象。

　　有时候，我们在野外还可以看见一种开着紫色小花、长着三片小叶的红车轴草，它在白天有阳光时，每个叶柄上的三片小叶都舒展在空中；但到了傍晚，三片小叶就闭合在一起，垂下头来准备睡觉。花生也是一种爱睡觉的植物，它的叶子从傍晚开始，便慢慢地向上关闭，表示白天已经过去，它要睡觉了。以上只是一些常见的例子，会睡觉的植物还有很多很多，如酢浆草、白屈菜、含羞草、咖啡黄葵……

　　不仅植物的叶子有睡眠要求，娇柔艳美的花朵也要睡眠。例如，在水面上绽放的睡莲，每当旭日东升之际，它那美丽的花瓣就慢慢舒展开来，似乎刚从酣睡中苏醒，而当夕阳西下时，它又闭拢花瓣，重新进入睡眠状态。由于它这种"昼醒晚睡"的规律性特别明显，因此得此芳名——睡莲。

　　各种各样的花，睡眠的姿态也各不相同。蒲公英在入睡时，所有的花瓣都向上竖起来闭合，看上去像一个黄色的鸡毛帚。胡萝卜的花则垂下头来，像正在打瞌睡的小老头。更有趣的是，有些植物的花白天睡觉，夜晚开放。例如，晚香玉的花，不但在晚上盛开，而且格外芳香，以此引诱夜间活动的蛾子来替它传播花粉。还有我们平时当蔬菜吃的瓠子，也是夜间开花，白天睡觉，所以人们称它"夜开花"。

　　植物睡眠在植物生理学中称为睡眠运动，它不仅是一种有趣的现象，而且是一个科学之谜。植物的睡眠运动会给植物本身带来什么好处呢？这是科学家最关心的问题。尤其最近几十年，他们围绕着睡眠运动的问题，展开了广泛的讨论。

　　最早发现植物睡眠运动的人，是英国著名的生物学家达尔文。100多年前，他在研究植物生长行为的过程中，曾对69种植物的夜间活动进行了长期观察，发现一些积满露水的叶片，因为承受着水珠的重量而运动不便，往往比其他能自由自在运动的叶片更容易受伤。后来，他又用人为的方法把叶片固定住，也得到相类似的结果。当时，达尔文虽然无法直接测量叶片的温度，但他断定，叶片的睡眠运动对植物生长极有好处，也许是为了保护叶片，抵御夜晚的寒冷。

达尔文的说法似乎有一定道理，可是缺乏足够的实验证据，所以一直没有引起人们的重视。直到20世纪60年代，随着植物生理学的高速发展，科学家才开始深入地研究植物的睡眠运动，并提出了不少解释它的理论。

起初，解释睡眠运动最流行的理论是"月光理论"。提出这个观点的科学家认为，叶子的睡眠运动能使植物尽量少遭受月光的侵害，因为过多的月光照射，可能干扰植物正常的光周期感官机制，损害植物对昼夜长短的适应。然而，使人们感到迷惑不解的是，许多没有光周期现象的热带植物，同样也会出现睡眠运动，这一点用"月光理论"是无法解释的。

后来，科学家又发现，有些植物的睡眠运动并不受温度和光强度的控制，而是由叶柄基部中一些细胞的膨压变化引起的，如楹树、酢浆草、红车轴草等，通过叶子在夜间的闭合，可以减少热量的散失和水分的蒸腾，起到保温和保湿的作用，尤其是楹树，叶子不仅会在夜晚关闭睡眠，在遭遇大风大雨袭击时，也会渐渐合拢，以防柔嫩的叶片受到暴风雨的摧残。这种保护性的反应是植物对环境的一种适应，与含羞草很相似，只不过反应没有含羞草那样灵敏。

随着研究的日益深入，各种理论观点被一一提了出来，但都不能圆满地解释植物睡眠之谜。正当科学家感到困惑的时候，美国科学家恩瑞特在进行了一系列有趣的实验后提出了一个新的解释。他用一根灵敏的

睡莲花叶俱美，花色丰富，开花期长，深受人们喜爱，睡莲的根能吸收水中的铅、汞、苯酚等有毒物质，是难得的水体净化植物

温度探测针,在夜间测量荷包豆叶片的温度,结果发现,呈水平方向(不进行睡眠运动)的叶子温度,总比垂直方向(进行睡眠运动)的叶子温度要低1℃左右。恩瑞特认为,正是这1℃的微小温度差异阻止或减缓叶子生长。因此,在相同的环境中,能进行睡眠运动的植物生长速度较快,与其他不能进行睡眠运动的植物相比,它们具有更强的生存竞争能力。

植物睡眠运动的本质正不断地被揭示。更有意思的是,科学家们发现,植物不仅在夜晚睡眠,而且竟与人一样也有午睡的习惯。小麦、甘薯、大豆、毛竹,甚至树木,众多植物都会午睡。

原来,植物的午睡是指上午11时至下午2时,叶子的气孔关闭,光合作用明显降低这一现象。这是科学家在用精密仪器测定叶子的光合作用时观察出来的。科学家认为,植物午睡主要是由于大气环境的干燥和炎热。午睡是植物在长期进化过程中形成的一种抗干旱的本能,为的是减少水分散失,以利于在不良环境下生存。

由于光合作用降低,午睡会使农作物减产,严重的可减产1/3,甚至更多。为了提高农作物产量,科学家们把减轻甚至避免植物午睡作为一个重大课题来研究。

我国科研人员发现,用喷雾方法增加田间空气温度,可以减轻小麦午睡现象。实验结果是,小麦的穗重和粒重都明显增加,产量明显提高。可惜喷雾减轻植物午睡的方法,目前在大面积耕地上应用还有不少困难。随着科学技术的迅速发展,将来人们一定会创造出良好的环境,让植物在中午也可以高效率地工作,不再午睡。

大豆

毛竹

千年古莲子开花之谜

关于种子的寿命问题，在国际科学界还引起过一场辩论。辩论的焦点是在埃及金字塔中发现的小麦种子。传说，金字塔里发现了休眠2 000年的小麦种子，播种之后依然发芽生长。一些科学家认为这是世界上最长寿的种子，而另一些科学家却不同意这种看法。经过后来的仔细调查研究，人们才弄清这是一个奸商搞的骗局。现在，国际

沉睡了千年的古莲子依旧能生根、发牙、开花，与它有坚硬外壳作保护分不开

科学界公认，在中国发现的古莲子才是最长寿的种子。

植物种子的寿命是长短不一的，一般来说，能够保持15年以上生命力的，已经算是长寿的种子了。除了古莲子，世界上寿命长的种子没有超过200年寿命的。

古莲子的寿命为什么会这样长呢？

你别以为种子呆在那儿一动不动都是"死"的。其实，种子在离开它的"妈妈"以后，就有独立的生活能力了。在种子里，有堆满营养物质的仓库。种子能够忍受严寒与酷热，它里面的细胞一直在顽强地活着，不停地呼吸。影响种子寿命长短的另一个因素，是它成熟前后和贮藏期间的环境条件。例如，在干燥、低温和密闭的贮藏条件下，种子的活动力特别低，新陈代谢差不多处于停顿状态，过着休眠的生活。这样一来，许多植物的种子在理想的贮藏条件下，就能在较长的岁月里保持着潜在的生命力。

莲子的条件就更好了。它是一种小小的坚实果实,种子外面的果皮是一层坚韧的硬壳,它的果皮组织中有一种特殊的栅状细胞,细胞壁由纤维素组成,果皮完全不透水,所以挖掘出来的时候,含水量只有12%。这就是它长寿的秘密。

在自然界里,古莲子还不算是最古老的植物。我国科学家又在辽宁鞍山的黄土层里,发现了将近400粒狗尾草的种子,经同位素测定,这些种子的埋藏年代已经有10 000年以上了。狗尾草出现于地球的白垩纪时代,是恐龙的"邻居",至今还在大自然中茂盛地生长着。更惊奇的是,那些古代的狗尾草种子已经发芽、开花甚至还结了籽。这一发现,为古代植物、古代地理和古代气候环境的研究,提供了新的资料。

跟这些长寿的种子相比,有些植物种子的寿命又短得可怜。

大多数热带和亚热带的植物,像可可的种子,从母体中取出35小时以后,就失去了发芽能力。甘蔗、金鸡纳树和一些野生谷物的种子,最多只能活上几天或几个星期;橡树、胡桃、栗子、白杨和其他一些温带植物种子的生命力,都不能保持很久。

这些植物种子的寿命为什么这样短呢?

有的科学家认为,有些植物种子容易死亡,是脱水干燥的原因。但是经过实验,某些柳树种子如果暴露在空气中,在一个星期内就完全丧失了生命力。但放在冰箱里,在相对湿度只有13%的干燥环境中,它们至少能活360年。所以,有些科学家不同意这样的说法。

还有的学者认为,生长在热带或亚热带的植物种子,它们的寿命之所以这样短,是因为热带或亚热带的雨水充足,再加上天气热,种子的新陈代谢旺盛,种子里贮存的一点儿养分,很快就消耗完了。没有充足的养分,也就维持不了种子的生命活动,从而失去了生命力。

另外一些科学家则认为,在寿命短的种子中,有的含有大量脂肪,像可可、核桃、油茶等,由于新陈代谢的关系,脂肪转化的过程中可能会产生一种有毒物质,这种物质会把种子里的胚杀死,或者使种子变质。像花生、核桃放久了,有一股氧化味,就是这个原因。

也有一部分人认为,有的植物种子寿命短,是因为种子胚细胞里的蛋白质分子失去活动能力,以致完全凝固而不能转化。另一部分人认为,由于种子内部的酶失去作用,不能分解复杂物质,胚得不到养分,种子也就失去生命力了。

植物学家正在想方设法延长种子的寿命,为农业和林业生产服务。

随着生物科学的不断进步,种子的寿命之谜一定会水落石出。

莲蓬

能预报天气的"气象树"

在安徽省和县，有一棵榆树类的奇树。这棵树差不多有7米高，树干粗矮，凹凸不平，树围有3米多。它的树冠像一把大伞，覆盖面积有100多平方米。当地人管它叫"朴树"，树龄已经有400多年了。

令人称奇的是，这是一棵能够预报当年旱涝的"气象树"。人们根据这棵树发芽的早晚和树叶的疏密，就可以推断出当年雨水的多少。这棵树如果在谷雨（我国农历的一个节气，是雨生百谷的意思，从这一天起雨水就多了）前发芽，长得芽多叶茂，就预兆当年将雨水多、水位高，往往有涝灾；如果它跟别的榆树一样，按时节发芽，树叶长得有疏有密，当年就是风调雨顺的好年景；要是它推迟发芽，叶子长得又少，就预兆当年雨水少，旱情严重。几十年来的观察资料证明，它对当年旱涝的预报是相当准确的。

这是为什么呢？

科学家们经过初步调查研究后认为，可能是这棵树对生态环境反应特别敏感，才起了这种奇特的作用。

在广西省忻城县，也有棵预测晴雨的"气象树"。这棵树非常高大，有20米高，直径约70厘米，当地人叫它"青冈树"。有趣的是，它的叶子颜色会随天气的变化而变化。晴天，叶子一般是深绿色；当叶子变红的时候，就预兆一两天内这一带将要下大雨；雨过天晴的时候，叶子又恢复成深绿色了。多年来，当地农民就是根据叶子的颜色，来预测晴天或雨天，安排农活的。

在山东省枣庄市山亭区水泉镇夏岭村有一株百年乌桕树，因树体内部腐烂，在距地面0.8米处形成一碗口大的树洞直通根部。10多年来，居住在附近的村民惊奇地发现，树洞朝外流水的规律跟天气直接相关，只要该洞朝外流水，次日肯定下雨，且排水大小跟降水量几乎成正比，实在令人称奇

"指南草"指南之谜

如果你到广阔的内蒙古大草原旅游，那里美丽的草原景色迷住了你，你不幸迷了路，正在那儿放牧的蒙古族牧民一定会告诉你："只要看看'指南草'所指的方向，就知道路了。"

"指南草"是人们对内蒙古草原上生长的一种叫野莴苣的植物的俗称。一般来说，它的叶子基本上垂直地排列在茎的两侧，而且叶子与地面垂直，呈南北向排列。

为什么"指南草"会指南呢?

原来，在内蒙古草原上，草原辽阔，没有高大树木，人烟稀少，一到夏天，骄阳火辣辣地烤着草原上的草，特别是中午时分，草原上更为炎热，水分蒸发也更快。在这种特定的生态环境中，野莴苣练就了一种适应环境的本领：它的叶子长成与地面垂直的方向，而且排列呈南北。这种叶片分布方式，有两个好处：一是中午时，即阳光最为强烈时，可最大限度地减少阳光直射的面积，减少水分的蒸发；二是有利于吸收早晚的太阳斜射光，增强光合作用。科学家们考察发现，越是干燥的地方，其生长着的"指南草"指示的方向也越准确。其道理是显而易见的。

内蒙古草原风光

内蒙古草原除了野莴苣可以指示方向，蒙古风毛菊、伪泥胡莱等植物也能指示方向。

有趣的是，地球上不但有以上所说的会指示南北方向的植物，在非洲南部的大沙漠里还生长着一种仅指示北向的植物，人们叫它"指北草"。

"指北草"生长在赤道以南，总是接受从北面射来的阳光，花朵总是朝北生长。可它的花茎坚硬，花朵不能像向日葵的花盘那样随太阳转动，因此总是指向北面。

在非洲东海岸的马达加斯加岛上，还有一种"指南树"，它的树干上长着一排排细小的针叶，这种树不论生长在高山还是平原，那针叶总是像指南针似的指向南方。

在草原或沙漠上旅游，如果了解了这些指示方向的植物的习性，就不会迷路了。

神秘的植物性器官

《植物的性别》一书中提出植物有性别的观点，它的阴性器官的"阴部"、"阴道"、"子宫"及"卵巢"的功能如同女性的生殖器官。植物的阳性器官的"阴茎"、"阴茎头"、"睾丸"如同男性的生殖器官，也能射出数十亿的精虫撒向空中。但是，这些具体名称很快被18世纪的权力机构用一套几乎不可逾越的拉丁用语掩饰下来。他们把唇形的"阴门"的名称改换成"柱头"，把"阴道"称为"花柱"，把"阴茎"和"阴茎头"改名为"花丝""花药"。这种偷梁换柱的行为便把植物的生命性扼杀在摇篮里。

植物性器官经过漫长年代的进化，由于常常面临瞬息万变的气候，创造了最灵活、最精巧的交配方式。例如，夏天每颗玉米在玉米棒上都是一个小胚珠，围着玉米棒丛生的每根玉米丝就是一个独立的"阴道"，准备吸收由风带来的花粉精子，伸长的"阴道"可以蠕动，使棒上的每颗玉米受孕。植物上的每颗种子都是独立受孕的结果。烟草的每一个小囊平均有2 500颗种子，它要受孕2 500次，而所有这些均得在24小时内，

玉米须具有利尿、降压、利胆和止血等作用

在直径不到1.5毫米的空间里发生。

许多植物的花粉释放出一种香气,极像动物和人类的精液。花粉像动物和人类的精液一样,几乎是以同样的方式精确地承担此功用。它进入植物的"阴部",沿着整个"阴道"(叶鞘)来回游动,直到进入子房与胚珠结合。花粉管用一种极巧妙的方法自行拉长。像动物与人一样,某些植物的性感是由气味引起的。某些苔藓的精子是由露携带着寻求胚珠,它由一种苹果酸引导,导向一个精巧的杯状底部,在杯底有许多待受精的苔藓卵。蕨类植物的精子喜欢糖分,在有甜味的水中寻找胚珠。

一般草类谷物的交配由风作媒,其他大多数植物则由鸟、昆虫来帮助交配。花朵在准备好进行交配时,则散发出一股有力而诱人的香味,能招引大群蜜蜂、飞鸟和蝴蝶,以传播花粉。那些未得到交配的花朵,可以散发香味达 8 天之久,或者一直散发到枯萎凋零。然而,一旦受孕,花朵则立即停止散发香味,通常是不到几小时即停止。

有些植物在性方面的失意会逐渐将香味转化为恶臭。一株植物准备受孕时,其阴性器官内还会发出热来。法国著名植物学家布隆尼亚尔在测验一种栽培在暖房中的有美丽叶子的热带植物时,指出了这种现象。这种植物在开花时温度增高。他发现,这种现象在6天内重复出现,每天都是下午4时至6时。布隆尼亚尔还发现,在受孕的时间内,拴在阴性器官内的小小温度计测出它与植物的任何其他部分的温度相比,都高11℃。

水稻属须根系,不定根发达,穗为圆锥花序,自花授粉。

意大利自然科学家罗利斯在尼日利亚丛林深处的印第安人居留地,发现了一棵奇异的树。它高约4米,茎长42厘米,茎的顶端竟长有一个"性器官"。罗利斯对它进行了18个月的观察。

这棵奇树没有花蕾,它的35朵花都是从"性器官"中分娩出来的,就像动物生育后代一样。分娩15天,鲜花开始枯萎,树的"性器官"也开始收缩。到12月才重新分娩。这棵树的果实也在"性器官"内成熟,就像母体内的胎儿,生长期长达 9 个月,它的外胎呈灰色,草质,内有果肉和几颗核。成熟后就离开母体。但种子没有生命力,不会发芽生长。罗利斯把这棵树命名为"妇女树"。他认为"妇女树"大概是印第安人从密林中其他同类树上切树芽移植到居留地,经过精心培育而成活的。为了证实这一设想,罗利斯在森林中徒步跋涉500多千米,终于发现了两棵同类的"妇女树",并证实了这种树非常稀有,濒临绝种。这种奇树引起了植物界重视,但它特异的生理机能,至今仍然是不解之谜。

含羞草 "害羞" 之谜

含羞草是一种豆科草本植物。它白天张开那羽毛一样的叶子,等到晚上就会自动合上。有趣的是,你在白天轻轻碰它一下,它的叶子就像害羞一样,悄悄合拢起来。你碰得轻,它动得慢,一部分叶子合起来,你碰得重,它动得快,在不到10秒钟的时间里,所有的叶子都会合拢起来,而且叶柄也跟着下垂,就像一个羞羞答答的少女,所以人们管它叫含羞草。

含羞草为什么会动呢?

大多数植物学家认为,这全靠它叶子的"膨压作用"。在含羞草叶柄的基部,有一个"水鼓鼓"的薄壁细胞组织,名叫叶枕,里面充满了水分。当你用手触动含羞草,它的叶子一振动,叶枕下部细胞里的水分,就立即向上部或两侧流去。这样一来,叶枕下部就像泄了气的皮球一样瘪了下去,上部就像打足了气的皮球一样鼓了起来,叶柄也就下垂、合拢了。在含羞草的叶子受到刺激合拢的同时,会产生一种生物电,把刺激信息很快扩散给其他叶子,其他叶子也就跟着合拢起来。过了一会儿,当这种刺激消失以后,叶枕下部又逐渐充满水分,叶子就会重新张开,恢复原来的样子。但也有科学家认为,含羞草之所以会运动,跟光敏素的作用有关。

含羞草的老家在巴西,那里经常有暴风雨。含羞草的枝干长得非常柔弱,为了适应这种不良环境,它在自然环境中培养了保护自己的本领。每当风雨到来之前,它就把叶

含羞草常见于路旁、空地等开阔场所。性微寒,味甘、涩;有微毒。有安神镇静、散瘀止痛、止血收敛等药用功效。用于神经衰弱、跌打损伤、咯血、带状疱疹的治疗

子收拢起来,叶柄低垂,这样一来,就不怕暴风雨的摧残了。

有趣的是,含羞草还是相当灵敏的"晴雨计"。人们利用它的这种怪脾气和本能,预测晴雨。

"含羞草'害羞',天将阴雨"这句谚语告诉我们,如果含羞草的叶片自然下垂、合拢或半开半闭,舒展无力,出现"害羞"现象,就预兆着阴雨天气。

在正常天气,含羞草一般不会自己"害羞",即使有人碰它的叶片,叶片也会很快地合拢,随后恢复原状。这是晴天的征兆。

当天气发生变化时,含羞草本身对湿度反应很灵敏,加上小昆虫因为空气湿度大,只能贴近地面低飞,容易碰到含羞草的叶子,含羞草也会做出反应。这时候,用手指去碰它的叶片,叶片也会回拢,但恢复原状相当慢,反应迟钝,这预兆着在未来一两天,天气将转阴有雨。

含羞草的花,粉红色,头状花序

向日葵向太阳之谜

　　向日葵向太阳,这是人们司空见惯的现象。其实,向太阳的不止是向日葵,几乎所有的植物都具有趋光性。这是什么道理呢?

　　最早对这一问题进行研究的是达尔文。他曾用草芦做过这样一次实验:把这种植物放在室内,就会很明显地发现,它的幼芽向有阳光的一面弯去。如果让幼芽见不到阳光,或将顶芽切一段,它就不再伸向有阳光的方向。植物为什么会这样? 还没等达尔文把这一奥秘揭示出来,他便离开了人世,给人们留下了一个未解之谜。

　　德国植物学家苏定经研究发现,植物的趋光性,全是由幼苗的顶芽来决定的。他在1909年曾做过这样一个实验:如果把野麦幼苗的顶芽切去,它就不向光了;如果把顶芽接上,它就又朝向阳光。所以他断定,在顶芽里,一定有种指挥植物趋光的东西,可这种东西是什么呢?

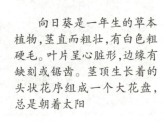

　　向日葵是一年生的草本植物,茎直而粗壮,有白色粗硬毛。叶片呈心脏形,边缘有缺刻或锯齿。茎顶生长着的头状花序组成一个大花盘,总是朝着太阳

向日葵花盘上有两种花，即舌状花和管状花。舌状花1层到3层，着生在花盘的四周边缘，为无性花。它的颜色以橙黄、淡黄和紫红色为主，具有引诱昆虫前来采蜜授粉的作用。管状花，位于舌状花内侧，为两性花。花冠的颜色有黄、红、褐、暗紫等

原来，起到这种作用的，是一种名叫吲哚乙酸的植物生长素。这是美国植物生理学家弗里茨·温特在1926年发现的。他让植物芽鞘的一面得到阳光的照射，另一面得不到阳光的照射，发现芽鞘逐渐弯向了有阳光的一面。由此，他便从芽鞘里分离出了植物生长素吲哚乙酸。科学家研究发现，这种化合物是怕见阳光的。所以，当阳光照射的时候，它便跑到了没有阳光的一面，结果使遮阴部分生长加快，受光部分则生长缓慢，由于重力的作用，植物便弯向了有阳光的一面。

也有人从不同角度研究植物的趋光性。美国得克萨斯州立大学的学者斯坦利·鲁，把植物的趋光性称为生长性运动，认为其是由电荷引起的。他认为，在阳光的作用下，植物的生长点内发生了细胞的电极化，向阳面获得的是负电荷，背阴面则产生了正电荷。带有负电荷的植物生长素便向带正电荷的背阴面转移，结果促进了背阴面的快速生长，形成了向光弯曲。

美国俄亥俄州立大学的科学家迈克尔·埃文斯又提出一种与众不同的观点，认为对植物的生长方向起着重要作用的是无机钙。植物的向光性弯曲，是由胚芽里含有的大量无机钙所致。

关于植物的趋光性问题，科学家还在继续探讨，下结论还为时尚早。这个谜一旦被彻底解开，人们对植物的认识就会跃上一个新台阶。

中药之王——人参

　　人参有调气养血、安神益智、生津止咳、滋补强身的神奇功效，所以素被人们称为"神草"，被拥戴为"中药之王"。人参之所以如此神奇，是由于它含有多种皂苷，以及配糖体、人参酸、甾醇类、氨基酸类、维生素类、挥发油类、黄酮类等物质，对于增强大脑神经中枢、延髓、心脏、脉管的活力，刺激内分泌机能，促进新陈代谢，都具有很高的医疗作用。

　　人参是五加科多年生草本植物。它的茎有四五十厘米高，叶有 3 个至 5 个裂片，花很小，只有米粒般大，紫白色。药用部分主要是它的根。

　　中国是世界上最早产参、用参的国家。中国最早的草药书《神农本草经》就已经提到了人参的名字。其后的历代名医，如陶弘景、唐松敬、陈藏器、张仲景、李时珍等也都对人参做过高度评价。东北地区是我国人参最著名的产区，主要分布在吉林省东部和长白山脉的抚松、集安、通化、临江等地，产量占全国的90%以上。自辽金时代起，其产量就已经很可观，明清时代，当地的劳动人民多以此为生，因此产参的数量大得惊人。据史书记载，明万历三十七、三十八年，仅在建州女真部烂掉的人参即有"十余万斤"之多！

　　人参分为山参和园参。山参为山野自生，生长年头不限，可生长几十年至百余年不等。在康熙二年曾有人挖到过一棵净重20两（当时32两为一千克）的老山

人参是多年生草本植物，属于五加科人参属。人参有补五脏、安精神、定魂魄、止惊悸、除邪气、明目、开心、益智之功

参。1981年8月,吉林省抚松县北岗镇四名农民,用了6个多小时挖出了一棵特大的山参,它已有百岁以上,重达287.5克。这棵大山参外形美观,紧皮、细纹,参须上长满匀称的金珠疙瘩,从颅头到须根长54厘米。它是我国当时最大的一棵山参,陈列在人民大会堂的吉林厅中。

园参为人工栽培,由种到收需6年以上的时间。虽然其产量不少,但药效远不及野山参。

根据对人参的不同加工方法而又可分为红参、生晒参、白参等。红参呈深棕色,生晒参和白参的外表呈黄白色。把刚挖出的人参经汽蒸后,灌以白糖,或用火烤后装在盖有玻璃的木匣内放在日光下晒,就成为糖参或生晒参。

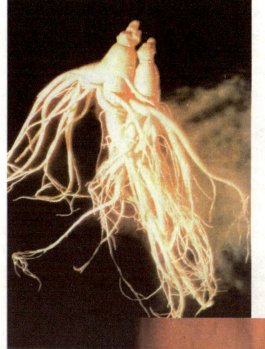

人参之所以如此珍贵,不仅是因为它有"神功",而且因为它很娇气,生活适应能力很差。它既怕冷,又怕晒,但又需要温暖的阳光,只能生长在温带寒冷气候的有阳光斜照的山坡上。所以,人参的采取和种植都十分困难。我国自唐朝时,就已人工种植人参。目前,除东北三省大量栽培,河北、山西、陕西、甘肃、湖北、宁夏等省、自治区均有种植。

人参的果实就是"猪八戒吃人参果,食而不知其味"里的人参果。它呈扁圆形,如豆粒大小,生青熟红,十分好看。人参的医药价值也很高,清代学者赵学敏在《本草纲目拾遗》中曾记述说:"秋时红如血,……其功尤能健脾。"现今,其果肉已被加工成人参膏——一种异香扑鼻的高级滋补品。

我国历史上第一部药学典籍《神农本草经》记载,人参"主补五脏,安精神,定魂魄,止惊悸,除邪气,明目,开心益智,久服,轻身延年"。多年的实践证明,人参是一种扶正固本药材

人参泡酒发芽之谜

　　人参是著名的滋补品、药品，是历代皇帝的必需品、皇室必备之物。由人参引发出的人参娃娃、人参姑娘等神话故事几乎家喻户晓。现在，人参走进寻常百姓家，发生在人参上的稀奇事也越来越多。

　　1973年秋，吉林省抚松县兴隆乡农民徐成会将一棵人参放在葡萄糖输液瓶内，用一斤白酒浸泡，瓶口用胶皮塞堵严，第二年春，竟奇迹般发了芽。到1988年，已生长了15年。由于瓶内空间小，该参茎叶伸展不开，只得弯下去再往上长，参茎长约15厘米，并长出了鱼籽般大小的参籽。

泡在酒中的人参仍在生长

　　20世纪80年代，抚松县一干部陈福增酒瓶内浸泡的人参也长出嫩绿之芽。还有山东省等地用酒泡人参发芽者，已见诸报刊的，就有10棵人参之多，蕴藏民间而没报道的，大概就更多了。

　　更令人惊奇不解的是，黑龙江省某报刊登消息，一棵泡在酒瓶内的人参，竟然在参须上又长出8棵小人参，简直不可思议！

　　人参泡酒后仍发芽生长，已不是神话，人参须又结出人参的现象也已发生。按照植物生长的常规去衡量上述稀奇之事，是无法解释清楚的。

　　除了人参，其他任何一种植物泡在酒里，可能都不会发芽生长。就算是人参，发芽生长者也是少数。这少数发芽生长的人参，大有必要对其进行研究，或许会提炼出某种物质，有益于人类健康长寿，也是极有可能的。

　　人参浸泡酒瓶中发芽生长的消息虽然报道过多次，但其中的奥秘至今尚未解开。

松口蘑抗核辐射之谜

　　松口蘑是长白山区一种珍贵的蘑菇,属白蘑科,俗称松蘑、鸡丝菌、松茸。

　　松口蘑形如伞状,菌盖幼时呈球形,逐渐长成半球形。表面为浅肉桂色、淡红褐色,中央色重,菌肉为白色。圆柱形菌柄较粗壮。

　　1945年8月,日本遭到美国空投的两颗原子弹的袭击,损毁严重,大地寸草不生。许多人担心,在被原子弹炸过的地方,绿色植物会永远消失。但是,一种伞状蘑菇率先破土而出,给人们带来了希望,这种蘑菇,即松口蘑,日本人叫"松茸"。松茸是可食用菌类。于是,在日本身价倍增,人们竞相购买。

　　长白山区的人们,很早就知道松口蘑是一种好吃的蘑菇,每当夏季,一些人便到林中采摘,市场上也有销售。松口蘑可以炒食,也可晒干保存至冬季食用。制成罐头和盐渍蘑味道鲜美,且可长期储存。除食用外,还可药用,人们已知其具有强身、益肠胃、止疼、止咳、理气、化痰的功效,而且是抗癌药物之一。

松口蘑是一种食药兼用的大型腐生真菌,集美食、美容、医疗、保健作用于一体。可以增强体质、提高机体免疫力,具有防癌、抗凝血、降血脂和安神等功效

日本专家研究证实,松口蘑具有抗核辐射的神奇作用,这对全人类都是福音。但松茸为何有此作用,其他菌类是否也有这样的功能,有待人们深入研究和开发利用。

植物感觉功能之谜

在五光十色的植物世界里,有许多神秘莫测的自然现象。有些植物不但有听觉、嗅觉和触觉,而且还富有情感,具有表现音乐的才能。

科学家发现锦葵对外界的音响反应速度最快,称得上"最佳谈话对象"。秋海棠发出的声音音色完美动听,不愧为"最佳歌手"。有些植物还有嗅觉,它们能模仿吸引甲虫、苍蝇的气味,故意把自己的体温升高以致腐烂的程度,使得整株植物臭不可闻,将甲虫和苍蝇招引过来。

秋海棠,茎干直立,上部分枝,叶片宽卵形,面绿背紫,花色淡红,呈聚伞花序

当植物的叶子受到摧折时,它们会表现出痛感,植物的电位测量能显示出电压的激发。如果在植物周围施放乙醚气体做"麻醉"处理,植物便会"陶醉"起来。一些植物面对气候变化也会发生奇妙的反应。例如:马铃薯在气压变化的两天前就有所反应;在印度尼西亚爪哇岛上的一座山上,生长着一种奇怪的花,这种花平时很少见,每到火山爆发的前一天,它就从山顶冒出来,预示着火山即将爆发。

怎样解释植物在感觉等方面与动物有惊人的相似之处呢? 有的科学家推测,这大概是因为生物都是从共同的祖先——活细胞演变而来的。

锦葵,耐寒,耐干旱,喜阳光。广布于温带和热带地区。有 5 片花瓣,先端微凹,萼片钟形,花期为 6 月至 10 月

植物血型之谜

植物是不是也有自己的血型？一个日本科学家做了肯定的回答。他研究了500多种被子植物和裸子植物的种子和果实，发现其中60种有O型血型，24种有B型血型，另一些植物有AB型血型，但就是没有找到能够断定是A型血型的植物。

后来，人们研究证实，植物体内确实存在一类带糖基的蛋白质或多糖链，或称凝集素。有的植物的糖基恰好同人体内的血型糖基相似。如果以人体抗血清进行血型鉴定，植物体内的糖基也会跟人体抗血清发生反应，从而显示植物体糖基有类似于人的血型。比如，望春花和山茶是O型血型，珊瑚树是B型血型，枫香树有AB型，但是A型血型的植物仍然没有找到。

望春花，有散风寒的功效，用于治鼻炎、降血压。图为O型血型的望春花

为了搞清楚血型物质的基本作用，科学家对植物界做了深入研究，得出这样的结论：如果植物糖基合成达到一定的长度，在它的尖端就会形成血型物质，然后合成就停止了。血型物质的黏性大，似乎还担负着保护植物体的任务。

但是，植物界为什么会存在血型物质？为什么又找不到A型血型的植物？这些问题至今仍是不解之谜。

有B型血型的珊瑚树

植物"返老还童"之谜

20世纪初,德国植物学家哈伯兰特在尝试培养植物细胞后,大胆提出:人们能够成功地用植物细胞培养出幼小的植物。这个科学的创见到1958年终于变成现实。一位名叫斯蒂瓦特的研究者首先用胡萝卜的细胞进行人工离体培养,产生愈伤组织,诱导分化成了完整的植株。现在,国内外通过植物组织培养,诱导分化形成完整小植物体的已有几百种,其中木本植物有几十种。

烟草是茄科一年生草本植物,烟草属有60多种

植物体内成熟的细胞怎么会长出一棵小植物来呢?科学家对植物的这种"返老还童"的现象做了长期艰苦的研究,发现它同植物激素关系很大,是植物激素中的生长素、细胞分裂素在发挥作用。一般认为,生长素可以促使植物生长,细胞分裂有利于植物生芽。这些植物激素虽然在植物体内含量极少,但它们在一定的条件下则神通广大,植物的生长发育都要受到它们的调节和控制。

在某些生产实践上,人们已经可以指挥植物"返老还童"了。例如:用花粉培养出完整的植株,为植物育种开辟了新途径;把不同种植物的细胞壁去掉,通过杂交,产生杂交植株;等等。现在,世界上已获得烟草种间杂交种和矮牵牛种间杂交种。我国也已用烟草和胡萝卜等作物的体细胞的原生质体,培育出了完整的植株。

但是,直到现在人们还没有搞清楚植物激素是怎样帮助植物"返老还童"的。

胡萝卜为伞形科植物,胡萝卜的根含糖类、蛋白质和多种维生素

植物"听"音乐之谜

有些植物不仅有表现音乐的才能，能够"唱"出不同旋律的"歌声"，而且它们还是音乐爱好者，爱"听"和谐悦耳的交响乐。科学家发现这个秘密后开始设想：能不能让农作物"听"音乐，来促进农作物的增产呢？试验证明，这是可能的。法国一位园艺学家将耳机套在一个番茄上，让它每天"欣赏"三个小时的音乐，结果这个番茄竟长到2.5千克，创造了世界纪录。法国国家科学研究中心的科学家用超声波培植蔬菜，蔬菜在超声波的"乐曲"声中"闻歌起舞"，生长速度增加了一倍以上。苏联和英国的科学家用超声波种出了25千克重的大萝卜和27千克重的卷心菜。在我国，科学家曾用超声波处理桔梗等中草药种子，发芽率普遍提高了2~4倍。

番茄含成分很多，如番茄素、糖、维生素 A、维生素 B、维生素 C、维生素 D、有机酸和酶等。其中，维生素 C 的含量为苹果的三四倍

声波为什么会促进农作物生长？科学家初步认为，声波能够加速植物的光合作用，促进细胞分裂，从而加快植物的生长速度。

甘蓝，为十字花科草本植物，我国各地均有栽培

如果这个奥秘完全解开，人们就可能通过某种途径，满足农作物对"音乐"的需求，来达到农作物增产的目的，甚至在培育农作物优良品种方面，开辟又一条"捷径"。

高原植物奇迹

意大利旅行家马可·波罗在1272年曾到过帕米尔高原。在他的笔下,这里是一片不毛之地。然而,现在在帕米尔高原海拔2 100米至3 800米的高处生长着许多植物,有各种各样的果树,也有美国的橡树、西伯利亚落叶松及远东的五加皮等。这些植物不仅能承受冬季 – 30℃的严寒和夏季35℃以上的酷暑,更使人惊奇的是,它们的生长速度非常快,植株和果实长得特别大。比如,橡树每年能长高3米,一株向日葵竟长出50个花盘,大土豆一个就有2千克重……类似的奇迹非洲也有。在刚果(金)和乌干达交界处,有一个海拔3 300米名叫鲁文佐里的地方,一种在平原上很不起眼的小植物——石楠,在那里竟能长到25米高。金丝桃在欧洲最多只有半米高,但在那里能长到15米。

为什么这些在高原上生长的植物会出现奇迹呢?科学家发现,高原地区有着促使植物加速生长的地理环境和气候条件。像帕米尔高原,空气新鲜而干燥,二氧化碳含量极低;在鲁文佐里地区,降雨量很大,土壤中矿物质丰富,气温很高。此外,高原地区紫外线的辐射要比平原强得多,这些大量的紫外线有可能使控制植物生长的细胞染色体产生遗传骤变,从而改变植物的生长速度。

高原植物生长奇特的原因究竟是什么,有待科学家进一步考察和实验。这方面的研究无疑将对人类控制农作物及经济作物的生长产生深远的影响。

金丝桃属半绿或常绿灌木,多分枝,单叶对生,长椭圆形,无柄,具透明油点

帕米尔高原位于天山、昆仑山、喀喇昆仑山三大山系交汇处,平均海拔在4 000至至4 500米。在较湿润温暖的宽谷地带,分布着柳灌丛和草甸等

致幻植物之谜

光盖伞，属于毒菌。子实体较小，初期近锥形，菌柄柱形，孢子椭圆形至宽椭圆形

在古典小说中，常有用"迷魂药"使人昏迷不醒的描述。所谓"迷魂药"，实际上是一种或多种致幻植物的制剂。在自然界中，有不少植物，吃了它或嗅着它的气味，就会使人产生幻觉，或麻木，沉睡于酣梦之中，或迷幻，进入一个离奇古怪的幻觉世界。这种使人致幻的植物，科学家称为"致幻植物"。

在美国西南方的印第安部落里，生长着一种奇特的南美仙人掌。当人们摘取这种仙人掌的芽放进口中咀嚼时，会使头脑处于虚幻状态。

在墨西哥和古巴境内的印第安人居住区，生长着一种名叫光盖伞的毒蘑菇，人食用后会产生稀奇古怪的幻觉，感到个人与周围的环境完全脱离，好像超然于时空之外，眼前的世界是那样虚无缥缈，而幻景中的一切又是那么真实可信，从而胡言乱语，狂歌乱舞。

致幻植物何以使人产生幻觉呢？原来，在人的大脑和神经组织中，存在着一些特殊的化学物质——中枢神经媒介物质，如去甲肾上腺素、5-羟色胺、多巴胺等。这些中枢神经媒介物质像信使一样，忠诚地进行信息传递，担负着调节神经系统机能活动和协调精神功能的重要使命。而多数致幻植物中含有不同种类的生物碱，它们的化学组成和5-羟色胺等的分子组成极其相似，因而在人体大脑中鱼目混珠、以假乱真，参与和影响神经传递代谢活动，扰乱大脑的正常功能，导致精神分裂症的出现，使人产生种种离奇古怪的感觉。由于致幻植物含的生物碱不同，出现的幻觉也不同，所以制造出一个个光怪陆离、五光十色的奇幻世界。

虽然科学家初步揭示了致幻植物使人致幻的原因，但产生各种各样幻觉的详细机理仍像谜一般困扰着人们。

在极端干旱的情况下，南美仙人掌的叶子已经变成了针状，并覆盖了一层白色的表皮。白色能把热量反射以减少水分的蒸发

恶魔之叶

　　在我国的江南一带，人们常常会看到一种浑身毛茸茸的草本植物，它的叶子大大的，全身长满了白色茸毛。

　　这种植物看上去平平常常，你如果一不小心碰到它，就会被它蜇得鼻青脸肿，狼狈不堪。

　　它就是有"恶魔之叶"之称的蝎子草。蝎子草属荨麻科，浑身长满蜇刺。这种蜇刺像皮下注射器一样，扎进动物的皮肤内，不容易脱落，与此同时蜇刺的基部马上释放出甲酸一类的毒素，使患处马上红肿起来。

　　与蝎子草相比，荨麻科的荨麻毒素更强。荨麻在南方可以长成乔木，北方则是一年生的草本。它的全身布满蜇刺，蜇刺基部隆起的地方饱贮氢氰酸。人畜一旦被蜇，氢氰酸注入人体内，全身就似火烧，两三天内疼痛无比，有的人甚至被活活蜇死。

　　为什么蝎子草和荨麻等植物能分泌毒素呢？原来，不同的植物，代谢产物也不同。蝎子草和荨麻在新陈代谢过程中，体内会积累多种物质。这些物质除了无毒的，还有很多诸如植物碱、糖苷、皂素、毒蛋白、氢氰酸等是有毒的。这些毒素一旦通过某种途径分泌出来，人畜碰着就会倒霉。

蝎子草喜欢生活在湿润的山坡上、小溪边，茎秆、叶柄甚至叶脉上都长满了含有剧毒的刺

"老牛肝"之谜

"老牛肝"可不是老牛的肝脏，而是形状像牛肝的蘑菇，叫作牛肝菌属牛肝菌科。

春夏之际，长白山墨蚊、蚊子多，农民、林业工人生产劳动中受到它们的叮咬侵袭，令人心烦意乱。老牛肝可以帮助人解决这个问题。人们将老牛肝点燃固定在铁丝圈上戴在头顶上，老牛肝冒出缕缕蓝烟，蚊子和墨蚊见到蓝烟，如同遇到毒气弹，纷纷逃窜，于是把劳动者"解救"出来。

野生牛肝菌主要分布在海拔600米至1500米的针叶林与阔叶林的混交林地带。牛肝菌含蛋白质、碳水化合物、钙、磷、铁、核黄素等营养成分，食用鲜香可口，还具有抗癌的药用价值

如果有人患了痔疮，可将点燃的老牛肝放进瓦罐中，然后坐在瓦罐上熏，7天之后，重症减轻，轻症治愈。

还有一种"小老牛肝"，是治疗肝炎的良药。这种小老牛肝，其实就是云芝，用云芝制成的中成药早已问世。

既然小老牛肝云芝可以治疗肝炎，那么老牛肝牛肝菌可不可以治疗肝炎？小老牛肝云芝的形状近似牛肝、人肝，可以治疗肝炎，是一种巧合，还是大自然中目前人们未知的奥秘？

云芝是著名的药用菌，子实体一般小，无柄、平伏面反卷，或扇形，或贝壳状，往往相互边接在一起，呈覆瓦状排列。大多生长在森林中的倒木上。云芝对人体有免疫调节、防癌抗癌、修复人体受损细胞的作用，对肺结核有明显疗效

有害的烟草

烟草是明朝万历年间（1573—1620年）从菲律宾传入中国的。最初，传入广东、福建等省，以后又逐渐向北方传播。

到了20世纪初，全国各地都有了商品烟的生产。由于吸烟的人与日俱增，烟草的经济地位便日益显赫，以至于到后来种烟草能"一亩之获十倍于谷"。

众所周知，吸烟对身体有害无益。首先，烟草中含有的尼古丁和其他有毒物质会刺激喉咙和气管黏膜，引起咳嗽和多痰。

其次，呼吸道长期受烟草的刺激会发生慢性支气管炎。日子一久，还会发生肺气肿和肺心病。

据测定，烟草及其烟雾中的化合物共有3 000多种，其中对人体有害的物质主要有烟碱、酚类、醇类、酸类、醛类等40多种。含量最多、毒性最大的当数烟碱。

烟叶经过高温烘烤干后切成烟丝，就是香烟的原料

烟草点燃以后，还会产生1200多种有害物质。这些物质中有一氧化碳、烟焦油和多环芳香烃等。它们会强烈地刺激呼吸道细胞，破坏呼吸道对细菌和病毒的抵御能力，引起支气管细胞和组织的病变。更为严重的是，烟雾中含有苯并芘、砷和亚硝胺，它们会引发肺癌、口咽癌、鼻咽癌和喉癌，甚至膀胱癌。因此，说烟草是重要的致癌物绝不是耸人听闻。

科学家在实验中发现，将苯并芘等物质涂在动物的皮肤上，动物就会患皮肤癌；将

这些物质滴在老鼠和狗的气管里,老鼠和狗就会得肺癌;如果切开动物的气管,让它们定期吸烟,大约两年的时间,动物就会得肺癌。

吸烟为什么容易引起这些癌症呢?这是因为烟雾和烟焦油首先会在人的口腔里聚集,其次再影响咽部、喉部和鼻部,最后又发生癌前变化,直至成癌。据调查,吸烟者的口腔癌的发病率竟是不吸烟者的4倍至5倍。此外,烟雾中的

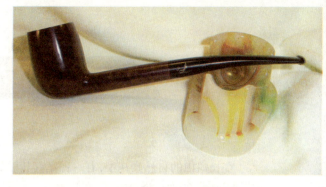

吸烟的工具——烟斗

有毒物质被吸入后还会造成吸烟者尿液中邻羟氨基酚含量的升高,长此以往,就很容易患膀胱癌。

还有资料表明,吸烟是易患心脏血管疾病的重要原因。这是因为尼古丁会刺激交感神经细胞,促进肾上腺髓质释放儿茶酚胺,而儿茶酚胺会提高血小板的黏性和血脂的浓度,使血栓和动脉粥样硬化加速形成。更不妙的是,儿茶酚胺还会使人心律不齐,血压升高,心跳加快,加重心脏的负担,导致冠心病的发作。

除此之外,吸烟还会影响睡眠,使人视力减退,消化功能紊乱。对孕妇来说,吸烟会直接影响下一代的健康。吸烟者使他们周围的人成为被动吸烟者,所受烟害与吸烟者相比有过之而无不及。

中国控制吸烟协会的专家说,香烟燃烧时释放的烟雾中含有3 800多种已知化学物质,其中对人体最有害的物质主要为尼古丁、烟焦油和一氧化碳。吸烟至少能引起四大类"要命"的疾病即癌症、肺病、冠心病、脑卒中

松桦恋

在长白山的自然景观中,有一种尤其壮丽的景观,叫作做"松桦恋",意即松树与桦树"谈恋爱",实为一怪。

出现这一景观的地方,在长白山西坡下的岳桦林与针叶林相连的分界林带。在这个地带上,有针叶的松树与低矮的岳桦稀落散生,同时存在,尔后便界限分明,上为纯朴的岳桦林带,下为苍翠的针叶林带。然而奇怪的是,这两个树种在断代分离时竟然难舍难分了,互相"依偎、拥抱"在一起,不忍分离。一棵松树与一株桦树结为一组,簇拥在一起,数量众多,形成阵容强大的"松桦恋"景观。松树高大挺拔,庄严肃穆,桦树体态婀娜,横枝伸展,它们根连根,枝攀枝,扯不开,理不清,就像那一对对情人幽会在长白山之下,绿草茵之上。大自然的天然造作展现出"松桦恋"这一令人叫绝的奇观。

传说在许多年前,有一对年轻人,男的叫小松,女的叫小华,两个人是郎才女貌,天生的一对,可谓青梅竹马,两小无猜。在他们长大成人要结婚的那年夏天,家乡暴雨成灾,发了大水,庄稼全都被淹死了,到了秋后颗粒无收,村里人纷纷外逃。他俩哪里还能举行婚礼,两人一合计,不外出就得饿死,干脆闯关东去吧。就这样,小松和小华历经艰辛,一路乞讨来到了长白山。这里是养育穷人的地方,只要有力气,人就饿不死。最初他们以打柴为生,后来进山拣山货、采蘑菇、摘木耳,逐渐知道了人参的价值,若是挖棵好人参,那可是够过一辈子了。就这样,他们越走越远,走进了长白山老林里,开始干起采挖人参的行当来。说起挖人参,不懂行的人以为很容易,岂不知得遭多少罪。小松和小华每天在大树林里转悠,树高林密不见阳光,遇到阴雨天在林子里面更是潮湿难耐。到了晚间,在树林下打小宿,虫子咬、蚊子叮,而且还得生起火堆,以防野兽袭击。经过努力,他俩挖的人参,由少到多、由小到大,

在通往长白山峡谷的林间小路旁,两棵高大的古松与古桦根连根,树挨树,结成一体,被称为"松桦恋",寓意为"白头偕老"

他们每逢秋季就到附近山下的山货庄卖掉人参,挣的钱除寄给家里一部分,其余都接济了穷人。渐渐地,他们的所作所为便在长白山地区传了开来,而且越传越玄乎。有

的人说，怪不得他们心眼好，原来是人参娃娃来世间接济穷人的；有的人说，他们是两棵上千年的人参精，来到民间私访民情。他们有时走到街上，听到背后的人嘀嘀咕咕，也不知是怎么回事儿。

这年秋天，天气将冷，也是该下山的时节了，可小松和小华恋恋不舍，想挖几棵人参再下山，或许能遇到大山货。就这样，又在山上停留了半个多月，天更冷了，他们晚间冻得直打哆嗦，这才想要下山。长白山下有一个恶霸地主叫孙来财，外号叫孙贪财，家有良田百顷，肥猪满圈，可还不死心，也打着挖人参的主意。这天，他领着十多个家丁肩扛猎枪，背着参镐，既要进山打猎，又要采挖人参。走了

长白山西坡的原始森林

一天，什么也没有见着，日头快下山时，他们在大树林中准备宿营。正在这时，家丁们远远地看见前面树林里有一男一女，男的穿黄布衫、蓝裤子，女的穿红上衣、绿裤子，正向这边走来。孙贪财因为财迷心窍，再加上他知道许多关于人参的传说，什么人参娃娃、人参姑娘等，又联想起近段时间有关人参精的传说，他细眼一看，在这深山老林里，放牛的人早已走光，哪里还有人烟，眼前这两个人分明是人参娃娃和人参姑娘了，于是急忙喝令家丁十几个人朝这两人奔了过去。

小松和小华看见这群人一边喊"追"，一边端着枪冲了过来，便急忙转身往回跑，感觉快撵上了，无奈便把背筐扔了，这一夏一秋的人参全都在里面。家丁们感觉撵不上了，便开了枪，一时枪声大作，震得长白山林海回音不绝。孙贪财到跟前一看，这么些小人参，一定是他们的伙伴，他们一定是大人参。前后一转悠，便有了鬼点子，他断定这两棵大山货一定会伏在这附近，长白山山顶寒冷，不能长大人参。他俩既然跑了，非得死在山上不可，待明年雪化了便唾手可得。于是，他下令安营扎寨，守住所有林中通道，不许他们出去。

这下可苦了小松和小华，天气寒冷，又没有了粮食，一靠近孙贪财的防线便是一顿枪子，悔不该在这里想着多挖人参。北风呼号，大雪纷飞，最严酷的冬季来到了。小松说："我们活要活在一起；死也要死在一块。"小华说："愿我们死后变成两棵树，长相厮守，永不分离。"就这样，小松和小华紧紧地拥抱在一起，被无情的大雪埋在了长白山上。

第二年春暖花开时，小松和小华不见了，在他俩死去的地方长出了两棵小树，一棵是松树，一棵是桦树。

长白山冬去春来，年复一年，松树和桦树任凭风吹日晒，暴雨严寒，依然十分顽强地屹立在那里，它们紧紧拥抱，互相依偎，还是原来小松和小华的形态。

最大的葡萄树

　　葡萄是一种攀缘的藤本植物。它枝条及卷须的生长非常有趣:卷须每一回转的时间大约是 2 小时,新枝顶端每一回转需4小时。葡萄黄绿色的花瓣并不美丽,但它能招引44种昆虫为它传粉。

　　葡萄也是一种最古老的栽培植物。我国新疆吐鲁番的无子葡萄非常有名,云南怒江两岸的葡萄每颗长得有枇杷那么大。目前栽培的葡萄,每株单产1 000千克至1 500千克,已算是高产了。而1842年种在美国加利福尼亚州的一株葡萄树,最高的年产量是 7吨,要是按每人分0.25千克的话,就可以供28 000人吃个痛快,可惜这棵葡萄树在1920年死去了。

　　现在世界上最大的葡萄树,是英国1891年栽的一株。它的树冠覆盖面积有460多平方米,最长的枝条有90多米,茎的直径1有7厘米。据统计,截至1963年的73年里,从这棵树上采摘的葡萄,共有10万余果穗,平均每年结1 370个果穗。如果每个果穗以2千克计算,一年可收2740千克。这个产量要赶上已死去的葡萄"大哥",还得加很大的劲呢!

　　中医认为,葡萄味甘微酸、性平,具有补肝肾、益气血、开胃力、生津液和利小便之功效。《神农本草经》载文,葡萄主"筋骨湿痹,益气,倍力强志,令人肥健,耐饥,忍风寒。久食,轻身不老延年"

美味佳肴黄花菜

黄花菜又名金针菜、萱草等。

黄花菜是一种多年生的宿根花卉,地下有短粗肉质的根状茎,它的叶为丛生,狭长,背面有棱脊,叶丛中间挺立着高1米左右的花葶,花葶上生有6朵至12花,花的形状有的像漏斗,有的像座钟。花有6片裂瓣,分为内外两轮。每当开花时节,裂片便向外翻卷。

黄花菜有很高的观赏价值和食用价值,深受人们的喜爱。食用时,既可鲜食,又可干制后食用。采摘时要注意,一般在黄花菜花蕾尚未完全开放时,采下来干制。这时,它形状如针,色泽金黄,"金针菜"的名称因此而得。

黄花菜适宜生长在潮湿的地方,它的花期因种类和地区的不同而不一样,最早的3月就可以开花,而最晚的要到11月才开花。七月至八月是开花盛期,此时园林中春花早已凋谢,而秋花尚未亮相,正是开花的淡季,黄花菜的花芳香扑鼻而来,会使人心旷神怡。

黄花菜味鲜质嫩,营养丰富,含有丰富的糖、蛋白质、维生素C、钙、脂肪、胡萝卜素、氨基酸等人体必需的养分。黄花菜性味甘凉,有药用功效

黄花菜是我国乡村广泛栽种的一种经济作物。黄花菜有许多别名,如金针菜、萱草、忘忧草、鹿葱、宜男草,每个别名都有它的含义。如果有人想忘掉忧愁,就赠送他黄花菜,这就是忘忧草的含义。一些地方有旧习俗,女人怀孕后盼生男,就佩戴上黄花菜,所以又叫宜男。鹿吃食中了毒,会找黄花菜解毒,黄花菜幼苗气味像葱,所以又叫鹿葱。

我国是世界上黄花菜种类最多的国家。近年来,经过人工选育,精心栽培,选育出了一批优良品种,它们花朵硕大,花色繁多。有的花冠直径可达19厘米,花的颜色有紫红色、朱红色、桔红色、桔黄色、黄色等,有的还带有斑晕圈。黄花菜不仅颜色多彩,而且还能散发出沁人的芳香。

"流血"的树

一般树木在损伤之后,流出的树液是无色透明的。有些树木如橡胶树、对叶榕等可以流出白色的乳液,但你恐怕不知道,有些树木竟能流出"血"来。

我国广东、台湾一带,生长着一种多年生藤本植物,叫作麒麟血藤。它通常像蛇一样缠绕在其他树木上,茎可长10余米。如果把它砍断或切开一个口子,就会有像"血"一样的树液流出来,干后凝结成血块状的东西,这是很珍贵的中药,称为"血竭"或"麒麟竭"。经分析,血竭中含有鞣酸、还原性糖和树脂类的物质,可治疗筋骨疼痛,并有散气、去痛、祛风、通经活血之效。

麒麟血藤属棕榈科省藤属。叶为羽状复叶,小叶为线状披针形,上有三条纵行的脉。果实卵球形,外有光亮的黄色鳞片。除茎之外,果实也可流出血样的树液。

麒麟血藤,树干流出紫红色的树液,可以治疗筋骨疼痛

无独有偶,在我国西双版纳的热带雨林中还生长着一种很普遍的树,叫龙血树。它受伤之后,也会流出一种紫红色的树液,把受伤部分染红,这块被染红的坏死木,在中药里也称为"血竭"或"麒麟竭",与麒麟血藤所产的"血竭"具有同样的功效。

龙血树属于天门冬科的乔木。虽不太高,有10多米,但树干异常粗壮,直径常常可达

龙血树

正在"流血"的龙血树

麒麟竭果实及果壳

1米。白色的长带状叶片,先端尖锐,像一把锋利的长剑,密密麻麻地倒插在树枝的顶端。

一般说来,单子叶植物长到一定程度之后就不能继续变粗生长了。龙血树虽属于单子叶植物,但它茎中的薄壁细胞能不断分裂,使茎逐年加粗并木质化,从而形成乔木。龙血树原产于大西洋的马德拉群岛、加那利群岛等。全世界共有150种,我国只有5种,生长在云南、海南、台湾等地。龙血树还是长寿的树木,年龄最大的约6000多岁。

说来也巧,在我国云南和广东等地还有一种称作胭脂树,学名红木的树木。如果把它的树枝折断或切开,也会流出像“血”一样的树液。而且,其种子有鲜红色的肉质外皮,可做成红色染料,所以称为红木。

红木树属红木科红木属,为常绿小乔木,一般高3米至4米,有的可到10米以上。叶的大小、形状与向日葵叶相似。叶柄也很长,叶背面有红棕色的小斑点。有趣的是,其花色有多种,有红色的,有白色的,各种颜色,十分美丽。红木连果实也是红色的,其外面密披着柔软的刺,里面藏着许多暗红色的种子。

红木围绕种子的红色果瓣可作为红色染料,用以渍染糖果,也可用于纺织,为丝棉等纺织品染色。种子还可入药,为收敛退热剂。树皮坚韧,富含纤维,可制成结实的绳索。奇怪的是,如将其木材互相摩擦,还非常容易着火呢。

红木——热带地区有名的染料植物

最老的荔枝树

在我国福建省莆田市,有一棵唐朝时候栽的古荔枝树,名叫"宋家香",已有1 200多岁了。这棵老树至今仍旧生机勃勃、枝叶繁茂、果实累累。它不仅是最老的荔枝树,也是世界罕见的高龄多产果树。

在这漫长的岁月里,"宋家香"经受了严寒、飓风和烈火等的摧残和考验,多次衰败下去,又复壮起来。现在,这棵树有两个主干,每个主干周长1米多,树高6米多,树冠直

国家一级保护古树名木——"宋家香"

径,南北方向约9米,东西方向约7米,覆盖地面60多平方米。一般年景能采荔枝50多千克,丰产年可收175千克,真是"老当益壮"。

"宋家香"素来以果实品质优良而闻名。它的果皮呈鲜红色,薄而脆,单果重12克至14克,吃起来脆滑无渣,甜香可口。经过分析,果肉含糖12%至15%,含果酸0.9%,还有大量的维生素C,果实品质比其他所有的品种都好。

"宋家香"不仅国内闻名,在欧美评价也极高。1903年和1906年,美国传教士蒲鲁士两次从莆田运走树苗,在美国佛罗里达州试栽成功,并推广到南部各州,以及巴西、古巴等国。现在,美国等所种的荔枝,都可以说是"宋家香"的子孙后代。

挂满枝头的荔枝

陆地植物的"先驱"

地衣又名"石花",共有1.8万多种。地衣的适应能力很强,从南北极到赤道,从高山到平原,从沙漠到森林,到处都可以看到它的踪迹。它不仅能生长在光秃秃的岩石上,也能生长在树上。它是一种特别耐干、耐寒的植物。

科学家们根据地衣的外部形状,把它们分成壳状地衣、叶状地衣和枝状地衣。地衣通常生长在潮湿的土壤表面、干燥的岩石上和树木的表皮上。地衣产生的酸性物质能够腐蚀岩石,使岩石逐步变成土壤,从而为后来的高等植物的生长创造了条件。所以,人们称地衣是陆地植物的"先驱"。

地衣为什么能生长在其他植物都不能生长的地方呢?

原来,地衣并不是一种单纯的植物,它是由两种亲缘关系很远的低等植物"合伙"组成的一种共生体。其中一种是真菌,另一种是藻类。真菌用自己丝状的身体,编织成一个网状骨架的厚实的皮壳,球形和椭圆形的藻尖就填充在里面。这样,就组成了一个个呈壳状、叶状、树枝状的地衣植物。

真菌不含叶绿素,自己不能制造有机物,但它能用菌丝体吸收空气、雨水和雾里的水分和无机物,并给藻类创造一个潮湿的环境。藻类有叶绿素,它把真菌吸收的水分、无机物和空气中的二氧化碳作为"原料",在阳光下制造有机物,与真菌共同享受。所以,不管环境多么恶劣,由于地衣"合伙经营""资源共享",它们都能够生存下来。

地衣的色彩变化多端,地衣色彩斑斓、争奇斗艳的主要原因是地衣产生的色素大都分布于皮层

树干最美的树

林中亭亭玉立的白桦，除了碧叶，通体粉白如霜，有的还透着淡淡的红晕，在微风吹拂下，枝叶轻摇，十分可爱，仿佛是一个秀丽、端庄的白衣少女。

白桦是一种落叶乔木，最高的可长到二十几米，胸径1米有余。其树干之所以美丽，是因为上面缠着白垩色的树皮，如果你用小刀在树干上划一下，就能一层一层地把树皮剥下来，剥好了可以剥得很大，仿佛是一张较硬的纸，你可以在上面写字、画画，还可以用它编成各种玲珑的小盒子，或者制成别致的工艺品，别有一番意趣。

白桦的叶子是三角状卵形的，有的近似于菱形，叶缘有一圈重重叠叠的锯齿，叶柄微微下垂，在风中飒飒作响。白桦的花于春天开放，由许许多多的小花聚集在一起，构成一个柱状的柔软花序。果实在10月成熟，小而坚硬。有趣的是，果实还长着两个宽宽的"翅膀"，可以随风飘荡，落在适宜的土壤上就能生根发芽，繁衍后代。

白桦在植物学上属于桦木科桦木属。白桦的兄弟姐妹有40多种，分布在我国的约有22种，其中有身着灰褐色衣料的黑桦，披着桔红色或肉红色外套的红桦及木材坚硬的坚桦。

坚桦树皮呈暗灰色，不像白桦那样可以一层层剥

白桦树干笔直，齐刷刷地向天空射去，真不愧为"世界上树干最美的树"

皮,其木材沉重,入水即沉,又名"杵榆",素有"南紫檀,北杵榆"的声誉。可做成车轴、车轮及家具等,而且树皮含单宁,可提制栲胶。坚桦分布于辽宁、河北、山东、河南、山西、陕西、甘肃等省的高山上。

白桦还有一位大名鼎鼎的兄弟赛黑桦,因其木材最硬,被人唤作"铁桦树",它只生长在东北中朝接壤的地方,甚至比钢铁还硬。

白桦自身还有几个变种,如叶基部宽阔的宽叶白桦,树皮银灰色至蓝色的青海白桦,树皮白色、银灰色或淡红色的四川白桦,等等。皆为园林树木中的佳品。

白桦木材黄白色,纹理致密顺直,坚硬而富有弹性,可制胶合板、矿柱,以及用于建筑、造纸。树皮除提取白桦油用于化妆品香料,还有药用价值。

白桦为温带及寒带树种,分布于东北、华北及河南、陕西、甘肃、四川、云南等地。白

桦为我国东北地区主要的阔叶树种之一,尤其在大、小兴安岭林区,差不多占整个林区面积的1/4,常常和落叶松、青杆、山杨混交成林,和谐共存。

北京的百花山及东灵山也有美丽的天然白桦林,远远望去犹如一群白衣少女在轻歌曼舞。

白桦是世界上树干最美的树。身材挺拔,雪白的树皮又细腻又光滑,就像女孩子的皮肤,姿态各异地挺立在大森林里,让你分不清哪一棵更美

旅 人 蕉

旅人蕉是一种大型的草本植物,没有枝杈,笔直的树干高10米至20米,最高可达30米。叶子又长又硬,一般宽0.7米,长1.5米,这些叶子还是当地居民盖房顶的材料。

在沙漠中旅行,当你口渴得难受时,如果遇上了旅人蕉,就可以折断叶柄,开怀畅饮一番。当地居民亲昵地称它为"旅行家树"。旅人蕉的叶子形状与芭蕉叶相似,叶柄基部下凹呈杯状,可以积聚相当多的水分,所以人们口渴时可以从中取水喝。

旅人蕉最突出的特征是:叶子集中在树干顶部,上面叶子笔直向上,下面的叶子则逐渐向两旁倾斜,最下方的叶子能与地面平行。全部叶子的排列非常整齐、匀称,整个树冠的形状,就像一把打开了的大折扇,又像孔雀开屏时的尾羽,十分好看,引人注目。

旅人蕉是沙漠旅行者的好朋友,所以叫旅人蕉。它不仅可以为旅行者提供纳凉休息的好场所,还可以提供消暑解渴的清水。同时,旅行者如果饿了,还可以吃它的果实,它的果实有点像黄瓜,吃起来味道可口。因此,旅人蕉为旅行者提供了全方位的服务。

旅人蕉由于树冠奇特美丽,已被引种到许多热带国家,我国云南省西双版纳傣族自治州也引种了。

旅人蕉共有两种:一种产于非洲东部,地处热带的马达加斯加岛上;另一种南美旅人蕉,产于巴西和圭亚那。

旅人蕉的叶子长得出奇,它们全部集中在粗壮茎干的顶端,竖向排列成两列,铺成一个平面,好像拔地而起的一把巨型折扇,远远看去又如孔雀开屏

绿 玉 树

　　我们都知道,树是要长叶子的,因为叶子是绿色植物制造养分的重要器官,它就像一个"绿色工厂",在这个"工厂"里,叶子中的叶绿素在阳光的作用下,将叶面吸收的二氧化碳和根部吸收输送来的水分,加工成植物生长需要的各种养分。没有这个"工厂",绝大多数的绿色植物都难以生存。

　　但是,有一种树就没有叶子——绿玉树。这种树生长在非洲的东部和南部。如果去那儿旅游,就会看到这种奇异的树。无论春夏秋冬,它总是光秃秃的,全树上下看不到一片绿叶,有的只是绿色的圆棍状肉枝条。它还有个名副其实的称号——"光棍树"。

　　绿玉树为什么不长叶子?

　　东非和南非气候炎热、干旱缺雨、蒸发量大。任何植物要想在这里生存,如果没有极强的抗旱能力,是难以找到立足之地的。为了适应这种恶劣的环境,原来枝叶茂盛的绿玉树,经过长期的进化,叶子越来越小,到后来彻底消失了,于是变成现在这副奇怪的模样。绿玉

绿玉树还有自我保护作用,爱吃树叶的动物见到光秃秃的枝桠,便另寻别处了,这样一来,绿玉树减少了被动物侵害的可能

树没有了叶子,就可以大大减少体内水分的蒸发,避免了旱死的危险。

　　那它靠什么制造养分,维持生存呢?

　　绿玉树虽然没有绿叶,但它的枝条里含有大量的叶绿素,能代替绿叶进行光合作用,制造出供它生长的养分。长期的恶劣环境造就了绿玉树的奇特本领。

　　别看绿玉树光秃秃的,但它的枝条贮藏着丰富的水分,如果将它折断,就会有许多白色的乳液流出。这乳液虽然好看,但有毒,千万要当心,不要将它弄到口、眼和皮肤上,一旦弄上便会使口、眼和皮肤又红又肿。

　　像绿玉树这样的木本植物还有几种,如木麻黄、梭梭和假叶树,都是光秃秃的,有枝无叶。

钢铁树

　　有种木材用锯也锯不开,用凿也凿不了,用斧砍也砍不了,用钻也钻不动,它就是绿心木。木工师傅要是碰见这种比钢铁还要硬的木材,那简直是没办法。

　　绿心木生长在圭亚那,它的木质是黄绿色的,所以叫绿心木。它的木质十分坚硬,用普通的锯来锯,休想动它一根毫毛。如果用锯钢铁的锯来锯它,会迸出火花来,所以当地居民又叫它"迸火树",它不仅木质坚硬,而且防腐、防蛀、不易燃烧,是制作闸门一类器物的最好材料。

铁刀木

　　铁刀木是生长在我国西双版纳原始森林中的一种木,它的木质坚硬如铁,不用说用锯子锯它,就是想在它身上钉钉子也难。它的树心是黑色的,看样子就像是铁,所以人们又给它取名为"铁心木"。

　　蚬木是生长在我国广西南部的一种常绿乔木,因为它的根的中心不正,偏向一边,造成年轮一边宽一边窄,仿佛是蚬壳外面的纹理,所以叫蚬木。它的木质较为坚韧、细致、耐腐、耐磨,人称钢铁树,刀砍不入,钉子钉不进,放入水中立即下沉。

蚬木

　　蚬木生长的地方是我国热带的岩溶地区,那里石灰岩山峰林立,蚬木的根就长在石灰岩缝中,由于受到岩石的限制,根不能正常发育,所以才出现这样奇特的年轮。

铁桦树

　　世界上最硬的树木要数我国东北的赛黑桦。子弹打在树上,就像打在钢板上一样,它比普通钢铁还硬一倍,可以作为钢的代用品。

独木成林

榕树苍老蓊郁，它以广阔的绿叶遮蔽着地面，在烈日炎炎的复天，它摇曳着青翠给人以清凉。人们常说"独木不成林"，这句话指的是一般的树，榕树就不一样了，它独木也能成林。

榕树是一种常绿的桑科植物。它喜欢温暖、湿润的环境，我国广东、广西、福建是它生长的地方。福建省省会福州因榕树数量多，所以称为"榕城"。

榕树的树冠特别大，一般占地几公顷，有的甚至十几公顷。它那巨大的树冠，能将灼人的骄阳挡得严严实实，是夏季人们纳凉消暑的好去处。它还将几十条、几百条从树干、树杈上生长出来的粗壮的根直插地下，远远望去就像一棵棵大树的干直立在那里。你走近它，就仿佛来到一片纵横交错的树林。

福建省有两种榕树：一种直立，枝叶茂盛；另一种却长成奇异的"S"形，苍虬多筋的树干斜伸向溪中。"S"形榕树弯曲的一段树心被火烧空了，形成几米长的平放着的凹槽，但它仍然顽强地生长，横过溪面，昂起头来，把浓密的枝叶伸向蓝天。广东江门新会区有一株大榕树，它的树冠占地达1公顷，形成了独木成林的奇观。

最大的榕树要数孟加拉国的一株了，它有600多根粗壮的气根，树荫覆盖面积竟达2.8公顷。置身于这株榕树的气根林中，如同走进了一个植物园。

榕树之所以能够独木成林，是因为它生长在雨水充沛的热带、亚热带。它有顽强的生命力，从枝杈上生长出的气根能插入土壤吸收水分和养料，又能使大树不被强风吹倒。

一棵榕树柱根相连，柱枝相托，枝叶扩展，形成遮天蔽日、独木成林的奇观

榕树

胡杨

　　胡杨是杨树家族中最古老的一员,目前世界上的胡杨资源越来越少,然而在我国新疆塔克拉玛干大沙漠边缘却生长着一片世界罕见的胡杨林。这里气候恶劣,常年干旱,降水稀少,被人们称为进去就出不来的"死亡之海"。这里人迹罕至,鸟兽绝迹,没有其他植物。但是,在这浩瀚的沙漠里,胡杨高大挺拔,像一个个勇士傲然挺立,与干旱和风沙搏斗。

　　胡杨属杨柳科,与我们常见的杨树是同一家族的兄弟。它高20米至30米,最粗的树干得两人合抱才围得住,它用茂密的枝叶绘画出荒漠中的一片绿荫。

　　为什么其他树木在这里都不能生存,而胡杨不仅活下来了,还长成了一片又一片的树林呢?这是因为它具有极强的耐旱、耐盐碱能力。我们知道,沙漠地带降雨十分稀少,而蒸发量又大,所以植物生长只能靠吸取地下水。胡杨的根异常发达,尤其是侧根,不仅长而且密集,能扎入地下几十米深,吸收深处的地下水供自己生长。沙漠的地下水含盐量很高,胡杨的根却能将其吸取利用。更为奇特的是,它的根可以四处串生,从根上发出的芽可以长成一棵新的小胡杨,小胡杨长大以后,又可以串生出新的小胡杨,就这样不断分生下去,形成一片根连着根、祖孙几代的大胡杨林。它的叶子十分奇特,在不同的时期,有不同的大小和形状。在幼年时为长条形,这样可以减少水分的蒸发;到了成年之后,则变成三角形、卵圆形,能有效减少水分的蒸发。它的树干可以贮存不少水分,而且越干旱贮存的水分越多。

秋天最美的树——胡杨,金黄色、橘红色的树冠,在沙漠里呈现出梦幻般的美

仙人掌

　　有一种植物,面对严酷的干旱环境,与滚滚黄沙"战斗',与少雨缺水、冷热多变的气候"战斗",不仅没被沙漠吓跑,反而站稳了脚根,它就是仙人掌。

　　仙人掌经过千千万万年洗礼,形成了奇特的生态构造:叶子没有了,茎干变成了肉质多浆多刺,有的刺变成了白色的毛。

　　它为什么要变成这副模样呢? 因为这种变化对它的生存繁衍是有好处的。植物不仅需要水分,而且对水的需求量很大。它喝的水绝大部分用于蒸腾消耗,每吸收100克水大约有99克通过蒸腾跑掉,只有1克能保存在体内。在沙漠地带,水比油还贵,哪来这么多水分用于消耗呢?为了适应这种恶劣的环境,仙人掌的叶子逐渐退化,有的变成针刺,这样就能"节约用水"。同样高的一棵苹果树和仙人掌,在夏天,苹果树一天要消耗水10千克至20千克的水,而仙人掌却只消耗20克,苹果树的耗水量是仙人掌的1 000倍。仙人掌的刺变成白色的毛,密披在身上,能反射强烈的阳光,降低体表温度,也可以减少水分蒸腾。

仙人掌在"不毛之地"的沙漠里,也能傲然生存

　　仙人掌不仅能减少水分消耗,而且还能大量贮水。因为它知道,不贮存足够的水分,在干旱少雨的沙漠,随时都有旱死的危险。于是,它把根深深地扎进沙地里吸收水分,而它那肉质茎含有胶质物,吸水能力强,水分很难从它的茎中跑掉。有的仙人掌有10米高,茎像水缸那样粗,活像个贮水桶。过路人口渴了,用刀砍一下它就能喝到免费的"饮料"。

仙人掌

蕨类植物之王——桫椤

在绿色植物王国里，蕨类植物是高等植物中较为低级的一个类群。在远古的地质时期，蕨类植物大都为高大的树木，后来由于大陆的变迁，多数被深埋地下变为煤炭。现今生存在地球上的大部分蕨类植物是较矮小的草本植物，只有极少数木本植物幸免于难，存活至今，桫椤便是其中的一种。

桫椤又名"树蕨"，高可达8米。由于它是现今仅存的木本蕨类植物，极其珍贵，所以被列为国家二级保护植物。从外观上看，桫椤有些像椰子树，其树干为圆柱形，直立而挺拔，树顶上丛生着许多大而长的羽状复叶，向四方飘垂，如果把它的叶片翻转过来，背面可以看到许多星星点点的孢子囊，孢子囊中长着许多孢子。桫椤是没有花的，当然也就不结果实，没有种子，它是靠这些孢子来繁衍后代的。

蕨类植物的孢子和一般常见植物的种子并不相同，一般植物的种子，落在适宜的土壤上，就能生根发芽，长成一棵新的植株；而蕨类植物的孢子落入土壤上之后，先要萌发长成一个心形的片状体，称为原叶体。原叶体是绿色的，下面生着假根，能独立生活。通常，在原叶

桫椤主要分为两种：一种叫刺桫椤，刺桫椤的叶柄上有密密的小刺；另一种叫黑桫椤，叶柄基部有许多绒毛，叶柄呈紫黑色

体上长着颈卵器和精子器。有趣的是,当精子器成熟之后,里面的精子个个长着许多鞭毛,它们可以在水中游动到颈卵器里和卵细胞结合形成合子,合子仍然不断吸收原叶体上的养料,继续发育成为一棵新的蕨类植物。

  桫椤性喜温暖、湿润的气候,分布在我国云南、贵州、四川、西藏、广西、广东、台湾等地,常常生长在林下、河边或溪谷两旁的阴湿之地。20世纪70年代末,在距四川西部

雅安市25公里的合龙乡的核桃沟里,发现了成片稀疏生长的桫椤树。它们高3米以上,粗30厘米,生长在溪谷两旁的阴湿环境里,和杉木、芒箕、金毛狗脊等植物同居一处。据说,雅安地区是我国桫椤分布的最北界。1983年4月,人们又在四川省合江县福宝镇一带,发现了300多株桫椤,其中有的高3米至4米,树冠直径5米,树干直径10厘米至20厘米。上述地区的桫椤堪称国宝。

  桫椤也有不少用途。其茎富含淀粉,可供食用,又可制成花瓶等器物。而且可入药,中药里称为龙骨风,有小毒,可驱风湿、强筋骨、清热止咳。桫椤体态优美,是很好的庭园观赏树木。

桫椤性喜温暖、湿润的气候,常生长在林下、河边或溪谷两旁的阴湿之地

仅剩一株的树木

普陀鹅耳枥长期生活在云雾较多、湿度较大的环境里,比较耐阴

享有"海天佛国"盛名的普陀山,不仅以众多的古刹闻名于世,而且是古树名木的荟萃之地。

在普陀山慧济寺西侧的山坡上生长着一株称作普陀鹅耳枥的树木。这种树木在整个地球上只生长在普陀山,而且目前只剩下一株,可见它有多么珍贵。

普陀鹅耳枥是1930年5月由我国著名植物分类学家钟观光教授首次在普陀山发现的,后由林学家郑万钧教授于1932年正式命名。据说,在20世纪50年代以前,该树在普陀山上并不少见,可惜渐渐死去,只留下这一株。遗存的这株"珍树"高约14米,胸径60厘米,树皮呈灰色,叶片呈暗绿色,树冠微扁,它虽度过许多大大小小的风雨寒暑,历尽沧桑,却依然枝繁叶茂,挺拔秀丽,为普陀山增光添色。

普陀鹅耳枥在植物学上属于桦木科鹅耳枥属。该属植物在全世界有40多种,我国有22种。分布相当广泛,在华北、西北、华中、华东、西南一带都有它们的足迹。其中,有些种类木材坚硬,纹理致密,可制家具、小工具及农具等;有些种类叶形秀丽、果穗奇特、枝叶茂密,为著名的园林观赏植物。

普陀山环境幽美、气候宜人,是植物的乐园,全岛面积约12平方公里,到处华盖如伞,绿荫遍布。据统计,普陀山有高等植物400余种,仅树木就有184种,有"海岛树木园"之盛名。那里有许多古树名木,特别是古樟有1 200余株。此外,像楠木、松木、桧木、柏木等屡见不鲜。在国家重点保护植物中,还有被誉为"佛光树"的新木姜子,以及全缘冬青、银杏、红楠、铁冬青、青冈、蚊母树、赤皮桐等。

据报道,目前我国只剩一株的树木,除普陀鹅耳枥,还有生长在浙江西天目山的天目铁木,又名芮氏铁木。这株国宝属于桦木科铁木属。铁木属这个家庭共有4名成员,它们皆为落叶小乔木,分布于我国的西部、中部及北部。可喜的是,仅剩的这株天目铁木于1981年结了少数几粒果实,科学工作者已用它们进行育苗试验,并进行了扦插繁殖。

水杉

　　1943年,植物学家王战教授在四川万州区发现了三棵从未见过的奇异树木,其中最大的一棵高达33米,胸径2米。当时,谁也不认识它,甚至不知道它应该属于哪一属、哪一科。直到1946年,我国著名植物分类学家胡先和树木学家郑万钧共同研究,才证实它就是亿万年前在地球大陆生存过的水杉。从此,植物分类学中就单独添进了一个水杉属水杉种。

　　一亿多年前,当时地球的气候十分温暖,水杉已在北极地带生长,后来逐渐南移到欧洲、亚洲和北美洲。到第四纪时,地球出现大量冰川,各洲的水杉相继灭绝,而只在我国华中一小块地方幸存下来。1943年以前,科学家只在中生代白垩纪的地层中发现过它的化石。在我国发现仍然存活的水杉以后,曾引起世界的震动。水杉被誉为植物界的"活化石"。目前,已有50多个国家先后从我国引种栽培,几乎遍及全球。我国从辽宁到广东的广大范围内,都有它的踪迹。

　　水杉是一种落叶大乔木,其树干通直挺拔,树枝向侧面斜伸出去,全树犹如一座宝塔。它的枝叶扶疏,树形秀丽,既古朴典雅,又肃穆端庄,树皮呈赤褐色,叶子细长,很扁,向下垂着,入秋以后便脱落。水杉不仅是著名的观赏树木,也是荒山造林的良好树种,它的适应力很强,生长极为迅速,在幼龄阶段,每年可长高1米以上。水杉的经济价值很高,其心材呈紫红色,材质细密轻软,是造船、建筑、桥梁、农具和家具的良材,同时还是质地优良的造纸原料。

　　水杉的发现,可以说是植物学的一件大事。目前,世界上仅存此一种,且天然分布仅局限于湖北、重庆、湖南三省市交界的局部地区,垂直分布一般为海拔800米至1500米

银杉

　　银杉是我国特有的世界珍稀物种，和水杉、银杏一起被誉为植物界的"大熊猫""活化石"。

　　远在地质时期的新生代第三纪时，银杉曾广布于北半球的亚欧大陆，在德国、波兰、法国及苏联曾发现过它的化石。距今200万年至00万年前，地球出现大量冰川，几乎席卷整个欧洲和北美洲，但亚欧大陆的冰川势力并不大，有些地理环境独特的地区，没有受到冰川的袭击，因而成为某些生物的避风港。银杉、水杉和银杏等珍稀植物就这样保存了下来，成为历史的见证者。

　　银杉在我国首次发现的时候，和水杉一样，也曾引起世界植物界的巨大轰动。1955年夏季，我国植物学家钟济新带领一支调查队到广西桂林附近的龙胜花坪林区进行考察，发现了一株外形很像油杉的苗木，后来又采到完整的树木标本，他将这批珍贵的标本寄给了陈焕镛教授和匡可任教授，经他们鉴定，认为这就是地球上早已灭绝的，现在只保留着化石的珍稀植物——银杉。20世纪50年代发现的银杉数量不多，且面积很小。1979年以后，在湖南、四川和贵州等地又发现了十几处，有1 000余株。

　　银杉树干挺直，高达24米，胸径通常有40厘米。树冠塔形，分枝平展，树姿俊俏优美。银杉的树皮为暗灰色，并龟裂成不规则的薄片，恰似一些古朴典雅的图案

　　银杉是松科的常绿乔木，主干高大通直，挺拔秀丽，枝叶茂密，尤其是在其碧绿的线形叶背面有两条银白色的气孔带，每当微风吹拂，银光闪闪，更加诱人，银杉的美称便由此而来。

秃杉

　　秃杉是世界稀有的珍贵树种，只生长在缅甸，以及我国台湾、湖北、贵州和云南，为我国国家一级保护植物，最早是1904年在台湾中部中央山脉乌松坑海拔2 000米处发现的。

　　秃杉为常绿大乔木，大枝平展，小枝细长而下垂。高可达60米，直径2米至3米，它生长缓慢，直至40米高时才生枝。枝密生，树冠小，树皮呈纤维质。树叶在枝上呈螺旋状排列。奇怪的是，其幼树和老树上的叶形有所不同。幼树上的叶尖锐，呈铲状钻形，大而扁平；老树上的叶呈鳞状钻形，从横切面上来看，则呈三角形或四棱形，上面有气孔线。秃杉是雌雄同株的植物，花呈球形。其雄球花有5个至7个，生长在枝的顶端；雌球花比雄球花小，也生长在枝的顶端。长成的球果呈椭圆形且有种鳞，苞片呈倒圆锥形至菱形。其种子长只有5毫米左右，带有狭窄的翅。

　　秃杉生长在台湾中央山脉海拔1 800米至2 600米的地方，散生于台湾扁柏林及红桧林中，在云南西北部和湖北利川、恩施两地交界处也有发现。其树的顶端稍弯，小花蕊多为30个以上，种鳞多达36个。贵州省也发现了不少秃杉，它们多集中分布在苗岭山脉主峰雷公山一带的雷山、台江、剑河等县。在成片的秃杉林中，有不少是百年以上的参天古树，高30米至40米。

　　秃杉在台湾是重要的用材树种。它的树干挺直，木质软硬适度、纹理细致，心材呈紫红褐色，边材呈深黄褐色带红色，且易于加工，是建筑、桥梁和制造家具的好材料。此外，它还是营造用材林、风景林、水源林、行道树的良好树种。

　　秃杉属于杉科台湾杉属。它只有一个"孪生兄弟"——台湾杉，由于它们长像相似，又分布在同一地区，因此一般统称它们为台湾杉。但它们还是有区别的，秃杉的叶较台湾杉的叶窄，球果的种鳞比台湾杉多一些。它们虽说都是珍稀树种，但比较起来，秃杉的数量更少，因此秃杉被列为国家一级保护植物，台湾杉为国家二级保护植物。

秃杉高大挺拔，侧枝轮生平展，小枝下垂，四季常青，挺拔如雪松，而又透出几分秀色，具有很高的观赏价值

中国鸽子树

珙桐是我国特有的珍贵树种,它与水杉、银杏一样,是远古时代遗存下来的树种

　　1869年,一个法国神父在四川省穆坪看到一种奇特的树木。时值开花季节,树上那一对对白色花朵躲在碧玉般的绿叶中,随风摇动,远远望去,仿佛是一群白鸽躲在枝头,摆动着可爱的翅膀。当时,他被这种奇景迷住了。自此以后,便引来许多欧洲植物学家,他们不畏艰险,深入到四川、湖北等地进行考察。这种树木1903年首先引种至英国,后又传至其他国家,从此便成为欧洲的重要观赏树木,被赞誉为"中国鸽子树"。这就是我国特产的珙桐,现在人们习惯称它"鸽子树"。据说在日内瓦,家家都种珙桐,可见人们对它的喜爱。1954年4月,周恩来访问日内瓦,适逢珙桐开花时节,当他了解到珙桐的故乡就是中国时,连连称赞,感慨万千。

　　珙桐是一种落叶乔木,高可达20米,枝干平滑。叶片很大,为阔卵形,边缘有许多锯齿。花序是球形的,上面聚集着许多小花。那被赞赏的仿佛鸽子翅膀似的美丽花朵,其实是它的苞片,就长在花序的基部。

　　关于珙桐,流传着许多美丽动人的传说。传说,汉代王昭君出塞以后,嫁给匈奴的呼韩邪单于。她日夜思念故乡，写下了一封家书，托白鸽为她送去。白鸽不停地飞翔，越过了千山万水，终于在一个寒冷的夜晚飞到了王昭君故里附近的万朝山下，但经过长途飞行，白鸽已经万分疲倦，在一棵大珙桐上停下来，立刻便被冻僵在枝头，化成美丽洁白的花朵。

还有一个传说，古代一个皇帝，只有一个女儿，取名白鸽公主。这个公主不贪富贵，与一名叫珙桐的农家小伙相爱。她把一根碧玉簪掰为两截，一截赠与珙桐，以表终身。但父皇不允，派人在深山杀死珙桐。白鸽公主得知后，不顾一切逃出宫来，在珙桐受害处失声痛哭。忽然，在公主眼前长出一棵形如碧玉簪的小树，顷刻之间长成一棵枝繁叶茂的大树。公主伸开两臂向这棵树扑去，顿时变成千万朵形如白鸽、洁白美丽的花朵，挂满枝头。

珙桐之所以珍贵，还因为它是植物界中著名的"活化石"之一，是植物界中的"大熊猫"。早在两三万年前，第四纪冰川时期过后，地球上很多树种都绝灭了，我国南方一些地区，由于地形复杂，在部分地方保留下一些古老的植物，珙桐就是那时幸存下来的。

现在，在湖北的神农架、贵州的梵净山、四川的峨眉山、湖南的张家界，以及云南省西北部，可以看到零星的或小片的天然珙桐林。它们大都生长在海拔1 200米至2 500米的山地。在分布区内，常常可以看到高达30米，直径1米，树龄在百年以上的大树。为了保护这一古老的孑遗植物，它被国家列为国家一级保护植物，并把分布区划为国家的自然保护区。

两片洁白的大苞叶极像鸽子的翅膀，一长一短的花瓣下，呈圆球形，棕褐色的头状花序又酷似鸽子头，微风轻轻一吹，整个花朵就像展翅欲飞的鸽子

望天树和擎天树

　　20世纪70年代在我国著名的云南西双版纳热带雨林中，发现了一种擎天巨树，它那秀美的姿态，高耸挺拔的树干，昂首挺立于万木之上，使人无法仰望它的树顶，甚至灵敏的测高器对它也无济于事。因此，人们称它望天树。当地傣族人称它"伞树"。

　　望天树一般高达60米。人们曾对其中一棵进行测量和分析，发现望天树生长相当快，一棵70岁的望天树，竟高达50米，个别甚至高达80米，胸径一般在130厘米左右，最大可到300厘米。这些世上罕见的巨树，棵棵耸立于沟谷雨林的上层，一般高出第二层乔木20多米，真有直通九霄，刺破青天的气势。

　　望天树属于龙脑香科柳安属。柳安属这个家族，共有11名成员，大多居住在东南亚一带。望天树只生长在我国云南，是我国特有的珍稀树种。望天树高大通直，叶互生，有羽状脉，黄色花朵排成圆锥花序，散发出阵阵幽香，其果实坚硬。望天树一般生长在700米至1 000米的沟谷雨林及山地雨林中，形成独立的群落类型，展示着奇特的自然景观。因此，学术界把它视为热带雨林的标志树种。

高耸入云的望天树

　　望天树材质优良，生长迅速，一棵望天树的主干材积可达10.5立方米，单株年平均生长量为0.085立方米，是同林中其它树种的2倍至3倍。因此，它是很值得推广的优良树种。同时，它的木材中含有丰富的树胶，花中含有香料油，还有许多其他未知成分，尚待我们进一步分析研究和利用。

　　望天树具有如此高的科学价值和经济价值，而它的分布范围又极其狭窄，所以被我国列为国家一级保护植物。

　　望天树还有一个"孪生兄弟"，名为擎天树。它其实是望天树的变种，也是20世纪70年代于广西发现的。擎天树的外形与其兄弟极其相似，也异常高大，常高60米至65米，光枝下高就有30多米。其材质坚硬、耐腐性强，而且剖切面光洁，纹理美观，具有极高的经济价值和科学研究价值。擎天树仅生长在广西的弄岗国家级自然保护区，同样受到严格的保护。

油棕

油棕的形态很像椰子，因此又名"油椰子"，它的故乡在非洲西部。100多年前，它一直默默无闻地生长在热带雨林中。直到20世纪初，才被人们发现和重视，如今已是世界"绿色油库"中的一颗明星，成了名副其实的"摇钱树"。

油棕是世界上单位面积产量最高的一种木本油料植物，一般亩产棕油200千克左右，比花生产油量高五六倍，是大豆产油量的近十倍，因此有"世界油王"之称。

油棕属棕榈科，直立乔木，高达10米，树径30厘米，树干有宿存的叶基。叶长3米至6米，簇生茎顶，裂片带状披针形，约50对至60对羽状叶片。花单性，雌雄同株，肉穗花序，四季开花，花果并存，相映成趣。核呈果卵形或倒卵形，每个大穗结果1000个至3000个，聚合成球状。最大的果实重达20千克。果肉、果仁在15千克以上，含油率为60％左右。

从油棕果实榨出的油叫作棕油，用棕仁榨的油称为棕仁油，都是优质的食用油。它们还可精制成高级奶油、巧克力糖、代可可脂、冰淇凌用油等。在工业上可制成优质香皂等。果壳可提炼醋酸、甲醇，制成活性炭、纤维板。棕油饼可作为饲料。花序成熟后，流出的液汁还可以酿酒。

油棕树的经济寿命为20年至25年。我国的海南、广东、广西、台湾、福建、云南等省都有引种，并积极兴建油棕园。

经过加工提纯的棕油清如水，滑如脂，不仅可以药用和食用，而且是机械工业和航空运输业必不可少的高级润滑油，还是一种很好的钢铁板防锈剂和焊接剂

榴

　　榴　俗称"麝香猫果"，原产于马来群岛，我国海南、广东、广西、湖南等地也有栽培。果实虽然有恶臭，但是果肉甜美，有"果王"之称。

　　我国明代著名航海家郑和下西洋时，与随行者一起品尝了一种不知名的大型球果，流连忘返，于是郑和便为它取名"留连"，就是今天的榴　。

　　榴　属木棉科，是常绿乔木，高达25米，枝繁叶茂，树冠很像一把撑天蔽阳巨伞，叶呈椭圆形，革质，叶面光滑，叶背有鳞片。花形大，带白色，聚伞花序。果实近于球形，果长约25厘米，每个重三四千克，果皮黄绿色，长满锋利的木质刺，很像一只大刺猬。果肉嫩黄，香甜油腻，食后余香不绝。榴的种子外面包裹着乳白色的假种皮，有恶臭，种子可炒食。

　　素有"水果王国"之称的泰国盛产榴　，每到产果旺季，城乡处处飘散着榴　的果香。

　　榴　全身是宝，榴　果壳煮骨头汤是很好的滋补品，其果核的营养价值和药用价值很高，被当地人视为珍宝

银杏

银杏是世界上最古老的树种之一。远在两亿七千多万年前,银杏的祖先就出现了,和当时遍布世界的蕨类植物相比,它是高等植物。到了一亿七千多万年前,银杏已和当时称霸世界的恐龙一样遍布世界各地。在冰川运动时期,绝大部分银杏像恐龙一样灭绝了,只在我国部分地区保存下来一点点,流传到现在。

银杏是落叶乔木,常见于名山古刹中。树形高大典雅,叶子十分奇特,像一把把小纸扇,迎风抖动。有的树上还结着圆圆的种子,俗称白果。它生长缓慢,所以又称"公孙树",形容祖辈种树到孙子辈才结果。

银杏叶

银杏在形态上有许多独特之处。它的叶子无腹背面,上有许多平行而分叉的叶脉。雌雄异株,雄花的花粉呈螺旋状,能自己运动。种子呈球形,成熟时外种皮呈杏黄色,肉质,含有油脂和芳香物质,也含有氰苷等有毒物质;中种皮白色,骨质,有2~3条纵脊;内种皮红色;胚乳肉质。这些特征都很原始,充分证明了它的古老。

银杏果

银杏每年4月长叶、开花,10月种熟,是很好的蜜源植物。种仁含有蛋白质、脂肪等多种营养物质,但也含有少量氰苷和白果酚等有毒物质,多吃会中毒。银杏的木质是优良的建筑材料。种子还可药用,治疗气喘病和肺病。叶子和种皮是很好的土农药,可防治害虫。用叶片做书签,可驱除书蛀虫。

人工栽培的银杏寿命也很长,我国有许多千年古银杏树。在山东的定林寺中,有一棵粗大的银杏,相传为商代所植,距今已3 000多年,是已知最古老的银杏树。

木棉

　　木棉是先开花后长叶的植物。每年三四月,一朵朵碗口大的花朵簇生枝头。每朵花有五个肉质的大花瓣,中央围着许许多多花蕊,花瓣外面呈乳白色,里面呈橙红色或鲜红色。由于不见叶子,远远望去满树花红似火,艳丽如霞;树干挺拔,高30多米,如巨人披锦,雄伟壮观。因此,被广东人称为"英雄树",其花被选为广州市市花。

　　木棉是落叶大乔木,属木棉科。幼树的树干及枝条有扁圆锥形的皮刺,老树树干粗大、光滑,侧会轮生,向四周平展,形成宽阔的树冠。叶互生,掌状复叶,由5片至7片长椭圆形的小叶组成。结白色长椭圆形蒴果,内壁有绢状纤维。成熟之后蒴果会爆裂,里面的黑色种子便随棉絮飞散。木棉分布在我国云南、贵州、广西、广东及金沙江流域,生长在森林或低山地带。无论是播种、分蘖还是扦插,木棉都容易成活,而且生长迅速。

　　木棉的经济价值较高。它的纤维无拈曲,虽不能纺细纱,但柔软纤细,不易湿水,因而浮力较大。据试验,每千克木棉可在水中浮起15千克的人体,因此是救生圈的优良填料。木棉的木质松软,可制作包装箱板、火柴梗、木舟、桶盆等,还是造纸的原料。

木棉的花朵呈橙红色或橙黄色,艳丽如霞

面包树

　　面包是用面粉做的，可是南太平洋一些岛屿上的居民，他们吃的"面包"是从树上摘下来的。这种树叫"面包树"。

　　面包树是四季常青的乔木，属桑科。一般高10多米，最高可达60米。树干粗壮，树叶茂盛，叶大而美，一叶三色，当地居民用它编织漂亮轻巧的帽子。面包树雌雄同株，雌花丛集呈球形，雄花丛集呈穗状。它的枝条上、树干上直到根部，都能结果。每个果实都是一个由花序形成的聚花果，大小不一，大的如足球，小的似柑橘，最重可达20千克。面包树的结果期特别长，从头年11月一直延续到第二年7月，一年可以收获三次。以无核果为优良品种，果肉充实，味道香甜。每株树可以结面包果60年至70年。

萨摩亚的面包树

　　面包果的营养很丰富，含有大量的淀粉，还有丰富的维生素A和维生素B族及少量的蛋白质和脂肪。人们从树上摘下成熟的面包果，放在火上烘烤到黄色时，就可食用。这种烤制的面包果，松软可口，酸中有甜，风味和面包差不多。面包果还可用来制作果酱和酿酒。

广州新会引进的面包树

　　面包果是当地居民不可缺少的木本粮食，家家户户的住宅前后都种植。一棵面包树所结的果实，能养活两个人。

　　面包树的分布很广，印度、斯里兰卡、巴西等国以及我国广东、台湾等省都有生长。

新加坡的面包树

神奇的植物世界
SHEN QI DE ZHI WU SHI JIE

王 莲

在南美洲亚马孙河流域,生长着一种世界上最大的莲王莲。它的叶子直径有 2 米多,最大的可达4米。叶的边缘向上卷曲,很像一只巨大的木盆。叶子结构很巧妙:正面呈淡绿色,十分光滑;背面呈土红色,密布着中空而坚实的粗壮叶脉和毛刺,构成坚固的"骨架",能防止水生动物破坏。叶子里面有许多充满气体的洼窝,使叶子有很大的浮力,一个二三十千克重的孩子可以坐在叶面上玩耍,即使在上面均匀地铺上75千克的沙子,也不会沉没。

王莲的花比荷花大得多,而且更艳丽。花朵直径为30厘米至40厘米,中心鲜红,边缘雪白,傍晚开放,第二天早晨闭合。第二天傍晚再开时,花色逐渐变为淡红色或紫红色。花的雄蕊和柱头离得较远,要靠花的香味吸引昆虫替它传粉。

王莲根系发达,但不长藕,靠种子繁殖。开花两三天后开始凋谢,柱头往下低垂,在水中结籽。种子只有豌豆大小,但生长得特别快,春天种下,经4个至6个月就能开出美丽的花朵。莲子可以食用,当地居民称它为"水玉米"。

王莲有调节叶面和叶背温度的奇特功能。它的叶细胞里含有一种叫叶青素的色素,能使光线的辐射能转变为热能,把叶背加热,使叶子上下两面的温度协调一致。粗大的叶脉和长长的毛刺还是散热的器官,热带的烈日不会把巨大的王莲叶晒焦。盛开的王莲花还能散发高温,花内温度要比外界高10℃

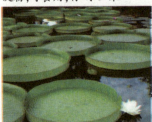

王莲花大而美丽,露出水面,直径25厘米至30厘米,初为黄色,后变为玫瑰色。种子含淀粉,可食用,称"水玉米"

之多,其中的奥妙还有待科学家做进一步探索。

木槿

如果空气中的有毒物质,如二氧化硫的浓度达到十万分之一时,人就不能长时间工作,当它的浓度达万分之四时,人就会中毒甚至死亡。而有些植物却有自行解毒的本领,能将有毒物质在体内分解,转化为无毒物质。木槿就是其中一种,被称为"天然解毒机"。

生态学家曾采集了九种抗污能力较强的植物叶片进行分析,发现木槿叶片中年含氯量及黏附在叶片上的氯量最多,对有害气体及烟尘有良好抗性,因此人们常常把木槿当作环境保护的帮手。

木槿又名朱槿、槿树条,属锦葵科落叶灌木。叶互生,呈卵形或菱状卵形,常有不整齐三裂,边缘有锯齿。6月至7月开花,有红色、白色、紫红色、粉红色等,单生叶腋,结圆形蒴果。木槿原产于我国和印度。

木槿花色美观,南方各省多做绿篱用材,北方各省常栽植于庭园,供观赏。它是一种多功能的绿化树种,而且适应强,扦插栽植容易。

木槿花和根皮入药,性平味甘,有清热利湿、解毒之功。

木槿花除观赏,可供食用,嫩叶可代茶,花、皮、根和种子皆可入药

金钱松

世界五大庭园树木之一的金钱松,是我国的特产树种。

金钱松又名金松、水树,是落叶乔木,属松科。树干通直,高可达40米,胸径1.5米。树皮呈深褐色,深裂成鳞状块片。枝条轮生而平展,小枝有长短之分。叶片条形,扁平柔软,在长枝上呈螺旋状散生,在短枝上簇生15枚至30枚,向四周辐射平展,秋后变金黄色,圆如铜钱,因此而得名。

金钱松的花雌雄同株,雄花球数个簇生于短枝顶端,雌花球单个生于短枝顶端。花期4月至5月,球果10月上旬成熟。种鳞会自动脱落,种子有翅,能随风传播。

金钱松分布于我国长江流域一带的山地,喜光爱肥,适宜酸性土壤。由于它的树干挺拔,树冠宽大,树姿端庄秀丽,世界各国植物园广泛引种,宜植于瀑布口、池旁、溪畔,或与其他树木混植成林,别有意趣。

金钱松的种子可榨油。木材呈黄褐色,结构粗略,但纹理通直,又耐潮湿,可用于建筑、桥梁、船舶、家具等。根皮入药,名为"土荆皮"。

金钱松有较强的抗火性,在落叶期间如遇火灾,即使枝条烧枯,主干受伤,次年春天主干仍能萌发新梢,恢复生机。

金钱松为落叶乔木,树冠呈卵状塔形,入秋叶色由绿转为金黄,形成美丽动人的景色。是我国特有的树种,属国家二级保护植物

牡 丹

　　中国的牡丹株形端庄，花姿典雅，鲜艳富丽，清香宜人，是中国传统名花中最负盛名者，被誉为"花中之王""国色天香"。唐朝诗人刘禹锡曾描绘过当时京城牡丹花开时节"唯有牡丹真国色，花开时节动京城"的盛况。

　　牡丹是毛茛科灌木，一般为1米左右，高的可达2米。花朵单生枝端，直径可达16厘米，所以相当硕大。花萼有5片，花瓣为5片或为5的倍数，重瓣花则更为珍贵。花有红色、白色、紫红色，极其英俊，十分艳丽。

　　牡丹的花姿千变万化、层出不穷。花朵如莲，如葵，如绣球，令人眼花缭乱；花瓣似朱唇，似秀眉，似金鳞，妙趣横生；花俏立于枝头，有的低垂，有的搔首，有的醉卧，有的挺立，千姿百态，美不胜收。

　　牡丹的适应性很强，栽培地区较广。历史上，古都洛阳的牡丹最多、最好，有两个传统名种：一个开黄花的，名为姚黄；另一个开紫花的，名为魏紫，一直流传到今天。"洛阳牡丹天下无"，牡丹已被洛阳市定为市花，并确定每年4月15日至25日为"洛阳牡丹花会"。（现为"中国洛阳牡丹文化节"）每当花会期间，中外游人群集，共赏花王。

洛阳当地土壤中富含牡丹生长所需的有益微量元素，加上该地区适宜的气候，方使得洛阳牡丹冠绝天下

高山杜鹃顶雪开放

　　在长白山最高处的高山苔原地带，气候恶劣，土质贫瘠，植被生长的条件非常差。这里年平均气温为–7.3℃，7月平均气温为8.7℃，无霜期为70天左右，大风与雪也多于其他地方，严冬时节压在植物上面的积雪有2米多厚。这个地带生长着岳桦、笃斯越桔、长白沙参、高岭风毛菊、高山梯牧草等低矮树木和植被。

　　然而，正是在这种非常恶劣的气候和土质条件下，一种极具生命力的高山植物——高山杜鹃，显示出了勃勃生机，顶风斗雪，傲然怒放。每年的四月末至五月初，高山苔原地带，冰雪尚未完全融化，山巅依然白雪皑皑，高山杜鹃便在沟谷山坡上成片成群地竞相开放，铺满整个坡谷，非常壮观。茎横卧，枝斜升，花色乳白或淡黄，娇嫩艳丽，晶莹欲滴，在寒风中摇摆挺立，显出无限生机。与近处的残雪和山巅的银色世界融为一体，相映成趣，成为长白山最早的"报春花"和最壮丽的景观。

高山杜鹃又叫小叶杜鹃。茎横卧，枝斜升，花色淡黄或是白色，淡黄色娇嫩艳丽，白色晶莹如玉

　　高山杜鹃是长白山上主要观赏植物之一，对保存物种、维持生态平衡和进一步研究花科植物的耐寒性，具有重要的科学价值和经济价值。一些春季最早登山的游人，站在这成片成群的高山杜鹃前无限感叹，赞誉这高山之花的顽强精神、强大的生命力。同时，又目视四周的残雪提出疑问，在这种寒冷的气候和劣质的土壤条件下，高山杜鹃竟能顶雪开放，实为怪事，令人称奇，是什么特殊的基因令它达到如此不畏寒冷的程度呢？

最大的洋葱

洋葱是一种非常特殊的植物。洋葱的表面覆盖着一层金色透明而又非常密致的薄膜,它可以保护洋葱在一年内不干枯。把洋葱纵向切开,就可以看到一层层肥厚多汁的白色鳞片。鳞片是从金字塔形的小茎里伸展出来的,在它的下面是干枯的小根,在鳞片之间可以看到白色的幼芽。

在中世纪,人们认为洋葱有奇妙的特性,能够保护战士免受箭的射伤和剑戟的刺伤。身穿钢甲的骑士,胸口常常挂着一个护身符——洋葱。

古希腊和古罗马的军队,认为洋葱能激发力量、毅力和勇敢,所以在军队的食物里,加入了大量的洋葱。

自古以来,许多民族都认为洋葱有医疗的功能。现代医学证明,洋葱确实可以医治许多疾病。它分泌出来的挥发物质,能杀死多种腐败细菌和病菌,甚至能杀死小虫、青蛙和老鼠。人们只要咀嚼洋葱三分钟,就可以把口腔里的许多细菌杀死。因此,常吃些洋葱对人体健康是大有好处的。

中医上认为,洋葱性辛温,有和胃下气,化湿去痰的功效。它含有糖、维生素 C、硫、磷等物质,且有杀菌的作用

现在栽培的洋葱,很难找到半斤以上的,但是在北非的阿尔及利亚,大的洋葱很多,最大的洋葱竟达千克重,这真是洋葱大王了。说来也奇怪,那一带不仅洋葱长得特别大,菜豆、小麦、大麦等的粒子也比别的地方大得多。这大概是气候、土壤等条件特别适宜的缘故。

最臭的开花植物

鱼腥草

人们常用"芳草香花"等来赞美自然界的花草树木。其实,在绿色植物里,臭花、臭草也不少。用"臭"字命名的植物,不下几十种,如臭椿、臭梧桐、臭娘子、臭荠、臭灵丹、臭牡丹……有些植物虽没用臭字命名,但包含着臭的意思,如鸡矢藤、鱼腥草、马尿花……许许多多含有臭味的植物,究竟哪种最臭? 这只能靠我们的鼻子去鉴别。

当我们走到臭梧桐树下, 并不觉得有臭味,要是摘一片叶子,弄碎闻一闻,就有一股臭味。假若走进鱼腥草的草丛中,会立即闻到腥臭味,如果再用手摸一下,一小时之内臭气难以消掉。这两种植物虽臭,但都是很好的药草。臭梧桐可治高血压,鱼腥草是治肺炎的良药。

热带有一种有名的水果叫红毛丹,闻起来有恶臭,吃起来味极美。在中美洲的森林里,有一种植物叫天鹅花,也叫鹅花或鹈鹕花,看上去很脏。它的臭味很像腐烂的烟草,猪吃了马上会死去,没有吸烟习惯的人最怕闻这种臭味。

在苏门答腊的密林里有一种巨魔芋,当它开花的时候, 臭得像烂鱼一样。大花草的臭味很像腐烂的尸体。烂鱼确实难闻,但烂尸体更使人恶心。因此,最臭的植物, 公认是大花草。说来也奇怪,这两种特别臭的植物, 一种是花序最大, 另一种是花朵最大, 大概臭味与它们发散气味的面积也有关系。

臭梧桐

臭椿

含维生素C最多的植物

维生素C又叫抗坏血酸,是维持人体正常活动不可缺少的营养物质。它能使人筋骨强健,提高人体抵抗各种疾病的能力。

有些儿童吃饭的时候,专挑荤菜吃,素菜不吃,这样时间久了,牙龈会出血,呼气有臭味,贫血、气管炎等疾病也会跟着发生。这主要是缺乏维生素C引起的。

正常情况下,成年人每天需要摄入维生素C 50毫克至100毫克,幼儿30毫克至50毫克,哺乳期妇女150毫克。

人体内的维生素C,主要是从新鲜蔬菜和水果中获取。由于维生素C在身体内不能积累,所以我们每天都需要吃适量的蔬菜和水果。一般叶菜类的蔬菜和酸味浓的水果中,维生素C含量比较多。如果按照100克鲜品计算,蔬菜中白菜、油菜、香菜、菠菜、芹菜、苋菜、蕹菜、菜苔等含30毫克至60毫克,豌豆、豇豆、萝卜、芥菜、苤蓝、黄瓜、番茄等含40毫克至50毫克,而苦瓜、青椒、香椿、鲜雪里红等含60毫克至90毫克;水果中柑橘、荔枝、芒果、草莓等含25毫克至50毫克,红果含80毫克,枣子及野果中的中华猕猴桃、软枣猕猴桃、狗枣猕猴桃等含200毫克至400毫克,玫瑰和沙棘等含500毫克至700毫克。含维生素C最多的是刺梨,每100克中含量达1 500毫克。

商品价格高的食品,维生素C的含量不一定高。例如:苹果、梨、葡萄含3毫克至5毫克,而萝卜却含34毫克;蔬菜中的大蒜和韭黄维生素C的含量不足16毫克,而青蒜维生素C的含量则达77毫克。

维生素C不耐高温,温度在70℃以上时部分维生素C就会受到破坏。因此,蔬菜炒煮时间不宜太长。

刺梨果实肉质肥厚,富于营养。刺梨成熟后,除去其刺,或生吃,或糖渍,或提取其香味以做酒,或晒干入药

感觉最灵敏的植物

一只蚊子叮在马身上,马会摇头摆尾驱赶蚊子,这是因为动物有灵敏的感觉。

植物有没有感觉呢?夏天的早晨,向日葵露出笑脸,迎接东方初升的朝阳,傍晚太阳下山了,它又面向西方,跟太阳告别,从早到晚跟着太阳转来转去。合欢的小叶子一见到阳光就舒展开来,夜幕降临又自动闭合起来。把一盆含苞欲放的郁金香从比较冷的地方移到温暖的地方,它几分钟内就会盛开。这说明,植物受到光、温度等的刺激后,会产生各种不同的反应。

猪笼草的叶笼上有小盖,当昆虫进入笼口后,就会跌入笼底,灵敏的猪笼草马上分泌消化液将昆虫淹溺而死,昆虫最终变成营养物质而被吸收

如果你用手轻轻碰一下含羞草,它的叶子会很快闭合。触动它的力量大一些,它连枝带叶都会下垂。有人研究过,含羞草在受到刺激后的0.08秒内,叶子就会合拢,而且受到的刺激还能传导到别处,传导的速度最快可达每秒钟10厘米。在印度有一种植物,人和动物一走近它,它就立即把叶子卷起来,即使你步子很轻,它也能锐敏地感觉到。

感觉最灵敏的要算那些食肉植物。达尔文曾经做过一个试验,他把一段长11毫米的细头发丝放在毛毡苔的叶子上,叶子上的绒毛能立即感觉到,马上卷曲起来把头发按住。还有人把0.000 003毫克的碳酸铵(一种含氮的肥料)滴在毛毡苔的绒毛上,它也能立刻感觉到。这样微小的重量,人和一般动物是无论如何都感觉不到的。这可以说是感觉最灵敏的植物了。

毛毡苔属茅膏菜科,主要生长于潮湿多沼泽地区的沙质酸性土壤,叶表面布满一层具有腺体的绒毛,这层绒毛反应迅速,当昆虫经过时,立即被叶面上可弯曲的触毛所捕获,随即叶席卷,触毛分泌酵素。将其消化后,叶又张开再布罗网

最耐干旱的种子植物

植物体内最多的是水分。一般植物在生长期间所吸收的水量,相当于它自己体重的300倍至800倍。一株向日葵一个夏天要"喝"250千克左右的水,一株玉米一个夏天也要消耗200多千克水。蔬菜需要的水就更多了,如果一亩地长了1500千克白菜,就要消耗120万千克左右的水。可见,水是植物的命根。

在自然界里,也有一些植物在长期干旱的环境里照样能生长、繁殖。这些植物的器官适应干旱的能力很强,如沙漠中的仙人掌、仙人球等。有人做过一个有趣的试验:把一棵37千克重的仙人球放在室内,一直不浇水,过了6年,仙人球仍然活着,而且还有26.5千克。

比仙人球更耐干旱的植物是生长在非洲沙漠里的沙那菜瓜,有人把它贮藏在干燥的博物馆里,整整8年,它不但没有干死,还在每年的夏天长出新芽。在这8年中,仅仅是重量由7.5千克减少到3.5千克。这种耐旱的本领,在所有的种子植物中无疑是冠军了。

仙人球能在浩瀚无垠的沙漠里生存下来

睡眠草

有一种小草,每个叶柄上都长有3片小叶,紫色的小花在暮春里开得非常鲜艳。这种小草叫红三叶草。仔细观察一下就会发现,在温暖的阳光照耀下,它每个叶柄上的3片小叶长得格外舒展,格外抖擞。但一到傍晚,那3片小叶就会闭合起来,一副懒洋洋的样子,仿佛在打瞌睡。

不仅植物的叶子要睡眠,它的花也需要睡眠。"睡莲"在阳光照射下,它的花瓣会慢慢舒展开来,而当夕阳西下时,它的花瓣便闭拢收合,仿佛一个卸了妆的"睡美人",收拢嫩臂玉腿,静静地躺在一张绿席之中。

不同的花睡眠的姿势也各不相同。胡萝卜的花儿睡眠时耷拉着脑袋,像一个老头在打瞌睡;而蒲公英睡眠时,所有的花瓣都是向上闭合的,看上去像一个黄色的鸡毛帚。

蒲公英味苦、甘,性寒。归肝、胃经。功能清热解毒,消肿散结,利尿通淋

动物中有昼伏夜出的"夜行者",有些植物也一样,白天睡大觉,晚上展姿容。例如:晚香玉的花白天睡眠,晚上竞相开放,并且散发扑鼻的香气;还有瓠子,它专靠蛾类传粉,而蛾类是夜行物,所以瓠子的花也在晚上开放。

晴朗的白天,荷花竞相开放

蘑 菇

　　蘑菇是真菌的一种,它没有根、茎、叶,没有叶绿素。

　　我们除了可以在蘑菇上看到真菌,发霉的面包上毛茸茸的霉菌也是真菌。真菌既不是动物也不是植物,它是自然界伟大的分解者。蘑菇本身是一种比较低等的植物,它不会产生种子,只能产生孢子来进行繁殖。孢子落到土壤中,就会产生菌丝,吸收养分和水分,然后产生子实体,这便是我们看到的蘑菇。但子实体刚开始很小,不易被发觉,等到吸饱水后便会伸展开,所以下雨之后,蘑菇会长得又多又快。

　　我们看到的都是一般个子的蘑菇,蘑菇中还有"大个子",我们就很难看到。

　　近年来,在各地不断发现许多野生和人工栽培的巨型蘑菇,这些蘑菇的菌盖直径达33厘米,高达12厘米,如同面盆。河南发现过一株巨大的蘑菇,它的菌盖直径有58厘米,像斗笠那么大,柄的围径有20厘米,高33.9厘米,重达1.8千克。

　　1986年,北京有一株人工栽培的蘑菇重达3.25千克。

　　一种叫紫包菇的蘑菇,最重达20千克,外形像座塔,共14层,高22厘米,底层周长有204厘米,还能发出一种异香。

双孢菇

金针菇

花菇

微生物"小人国"

　　微生物是荷兰一个名叫列文虎克的人发现的。300多年前,他制作了一架能把原物放大200多倍的显微镜。一天,他从一个老头的牙缝里取下一点残屑来观察,发现残屑上面竟然有无数各种形状的小东西在蹦跳。他简直不敢相信自己的眼睛,这个老头嘴里的"小动物"要比整个荷兰王国的居民多得多。他又用显微镜观察了各种容器的积水,以及河水、井水等,都发现了数不清的"小动物"。

　　列文虎克发现的这些"小动物",就是我们今天所说的微生物。微生物太小了,得用显微镜才看得见。

　　你别看它们小,它们无处不在,上至几万米的大气层,下至数万米的海洋底,到处都有它们的踪迹。庞大的生物世界就是由它们和动物、植物共同构成的。

　　微生物的最大特征就是"小",小得出奇。杆菌在整个细菌家族中算是"大个子"了,3 000多个杆菌头尾相接在一起,也只有一个米粒那么大。用尺寸去量它们是不行的,人们只能用"微米"甚至更小的单位"埃"来量。细菌的大小只有几微米,有的仅有0.1微米,而人的肉眼只能分辨0.06毫米的物质。

　　也不是所有的微生物我们都看不见,有些微生物,比如食用菌(蘑菇)、药用的灵芝、马勃菌等,我们就能看得见。巨蕈,该是微生物中的"巨人"了,它的直径有4米多,重100多千克。

　　微生物是一个庞大的家族,它的成员主要有病毒、细菌、真菌、放线菌等。微生物的一个重要作用就是将一切生物有机体进行分解,把动物尸体、植物有机体和其他生物有机体分解成简单的物质,归还给土壤和海洋。没有它们,地球上动物尸体、生物有机体不知要堆多厚。

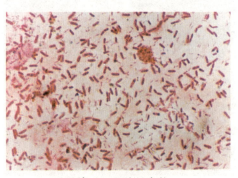

显微镜下细小的微生物

　　微生物除了个体小,还有以下几个特点。首先是它们的繁殖能力强,能在20分钟,甚至更短的时间内繁殖出新的一代;其次是它们的生存适应能力强,如有一种能进行光合作用的细菌能在光线照射下过无氧的生活;最后是它们易变,能随环境的变化而变化。

金花茶

　　山茶花是我国特产的传统名花,也是世界性的名贵观赏植物。据统计,山茶花的总数约有220种,而经自然杂交及人工培育的品种在数千种以上。1960年,我国科学工作者首次在广西南宁一带发现了一种金黄色的山茶花,命名为金花茶。

　　金花茶的发现轰动了全世界的园艺界,受到国内外园艺学家的高度重视。他们认为这是培育金黄色山茶花品种的优良原始材料。

　　金花茶属于山茶科山茶属,与茶、山茶、南山茶、油茶等为"孪生兄弟"。金花茶为常绿灌木或小乔木,高2米至5米,其枝条疏松,树皮呈淡灰黄色,叶呈深绿色,如皮革般厚实,且呈狭长圆形。先端尾状渐尖或急尖,叶边缘微微向背面翻卷,有细细的质硬的锯齿。金花茶的花呈金黄色,耀眼夺目,仿佛涂着一层蜡。金花茶单生于叶腋,花开时,有杯状的、壶状的或碗状的,娇艳多姿,秀丽雅致。金花茶果实为蒴果,内藏6粒至8粒种子,种皮黑褐色。金花茶的叶芽在4月至5月开始萌生,2年至3年后脱落。11月开始开花,花期很长,可延续至翌年3月。

　　金花茶喜欢温暖湿润的气候,常常和买麻藤、藤金合欢等植物共同生活在一起。由于它的自然分布范围极其狭窄,只生长在广西南宁市邕宁区海拔100米至200米的低缓丘陵,数量有限,所以被列为国家一级保护植物。为了使这一国宝繁衍生息,我国科学工作者正在通力合作进行杂交选育试验。近年来,我国昆明、杭州、上海等地已有引种栽培。

金花茶的名贵就在于花为金黄色,每年11月花开时,金黄色鲜润艳丽的花朵,点缀于深绿光亮的叶丛中,十分高雅别致

　　金花茶还有较高的经济价值。其花除用作观赏,还可入药,可治便血和妇女月经过多,也可作食用染料。叶除泡茶作为饮料,也有药用价值,可治痢疾和用于外洗烂疮。其木材质地坚硬,结构密致,可雕刻精美的工艺品及其他器具。此外,其种子还可榨油、食用,或工业上用作润滑油及其他溶剂的原料。

除虫菊

夏夜里，蚊虫嗡嗡，常搅得你不能入眠。挂一顶蚊帐，又使人憋屈。如果临睡前点一盘蚊香，那袅袅上升的青烟就会使蚊虫晕头转向，倒栽葱似地跌落下来，一命呜呼，你便可以睡一个甜甜美觉。

为什么蚊香能杀灭蚊虫？原来，它里面含有除虫菊的成分。除虫菊花朵中含有0.6%~1.3%的除虫菊素和灰菊素。除虫菊素又称除虫菊酯，是一种无色的黏稠的油状液体，蚊虫接触之后，就会神经麻痹，中毒而死亡。

除虫菊不仅可以除灭蚊虫，而且可杀灭农作物和林木、果树的害虫。它和烟草、毒鱼藤合称为"三大植物性农药"。在夏秋之间，把即将开放的除虫菊花朵采摘下来，阴干后磨粉，过120~150目的筛子。每斤除虫菊粉加200倍至300升的水，并酌情加肥皂做成悬浮液，搅匀后喷洒，可以防治农业上的多种害虫。把除虫菊草整个浸泡在20升的水中，也有良好的防治效果。把50%的除虫菊粉、48%的榆树皮粉、1%的萘酚、1%的色粉配在一起，再加入一定量的水调成糊状，就可制成蚊香。

除虫菊是菊科的多年生草本植物，约有半米高，从茎的基部抽出许多深裂的羽状

除虫菊的根、茎、叶、花等都含有毒虫素物质，是配制各种杀虫剂的好原料，特别是从除虫菊花蕊中提炼出的除虫菊酯价值更高，用它制成的除虫菊酯类农药，药效大，无残毒，是蚜虫、蚊蝇、菜青、棉铃等害虫的死敌

绿叶，在绿叶之中簇拥着野菊似的头状花序，花序的中央长着黄色的细管状的花朵，外周镶着一圈洁白的舌状花瓣，看起来淡雅且别致。

除虫菊的繁殖并不困难，用种子、扦插或分株都可生长。它喜欢排水良好、肥厚的沙质壤土，如果在比较优越的环境条件下，它可以健壮生长，而且除虫菊素的含量也随之升高。

除虫菊对蜈蚣、鱼、蛙、蛇等动物也有毒麻作用，但对人畜无害。因此，它使用安全，不污染环境，是理想的杀虫剂。除虫菊还可药用，有治疗疥癣之功效。

菠菜

菠菜的故乡在波斯(现在的伊朗一带)。2 000多年前,波斯人就把它作为蔬菜栽种。唐代贞观二十一年,泥婆罗(今尼泊尔)国王那棱提婆把菠菜作为礼物派专人送到我国长安(今西安),从此菠菜便在中国落户了。在蔬菜中,菠菜的身价最高。古代的阿拉伯人把菠菜称作"菜中之王"。

菠菜属藜科,一二年生的草本植物。主根发达,像鼠尾,肉质,红色,味甜可食,但侧根不发达。茎直立中空,长到50厘米开始分枝。冬播菠菜次年春开花,春播菠菜初夏开花,雌雄异株,为风媒花,间有雌雄同株的两性花。种子寿命较短,一般维持三年至五年。

菠菜营养价值很高,尤其是对儿童来说,没有别的东西可以代替它。每千克菠菜含蛋白质24克,脂肪3克,钙1 030毫克,维生素 C 380毫克。

据营养专家测算,100克菠菜就能满足人体24小时的维生素 C 需要。食用菠菜对胃和胰腺的分泌功能有良好作用。常吃菠菜,可预防维生素缺乏。

菠菜也有不足,它含有较多的草酸。草酸遇铁、钙会生成不溶解的草酸铁和草酸钙,影响铁、钙的吸收。因此,菠菜不要放在铁锅内烧,也不要与豆腐烧在一起。民间的"菠菜烧豆腐"的吃法是不科学的。

菠菜性凉,味甘辛,无毒,入肠、胃经。有补血止血、利五脏、通血脉、止渴润肠、滋阴平肝、助消化等功效。主治高血压、头痛、目眩、风火赤眼、糖尿病、便秘等病症

梅花

梅花不畏严寒、傲霜斗雪的精神及清雅高洁的形象,是中华民族的象征,向来为中国人民所尊崇。北宋爱国诗人林逋终身不娶,以"梅妻"为伴,曾用"疏影横斜水清浅,暗香浮动月黄昏"的诗句,歌颂梅花清雅高洁的形象和风韵。

孙中山先生推翻清王朝后,建立了中华民国,用五色旗象征各民族的团结,并用梅花的五个瓣象征各民族。从此,梅花被人们尊为中华民族的象征。

梅是蔷薇科的一个乔木树种。一般为4米至5米,最高可长到10米。叶片呈阔卵形,带一长尾尖,叶柄上有两颗突起的腺体,所以容易辨认。花有五个花瓣或为五的倍数,花色有白色、红色、墨红色、粉红色等。花先叶而放,有清香。现在,人们已人工培育出200个以上的不同品种。它们不仅颜色各异,而且花瓣的层数也不同,有单瓣(一层)和重瓣(二层以上)之分。单瓣的品种,花后多能结果,味极酸;重瓣的品种一般很少结果,主要供人观赏。

我国长江以南各地都栽种梅,尤以浙江、江苏、安徽、湖北、湖南及四川等省为多,至今已有3 000多年的历史。

梅与坚韧不拔的苍松、婀娜多姿的翠竹并称为"岁寒三友",梅、兰、竹、菊"四君子",以梅为首。

每至寒冬,成片的梅花疏枝缀玉,缤纷怒放,有的艳如朝霞,有的白如瑞雪,有的绿如碧玉,形成梅海凝云、云蒸霞蔚的壮观景象,煞是好看

棉花

　　棉花是人类的衣料之源,所以外国称它为"太阳的孩子"。中国有专门赞美棉花的诗:"五月棉花秀,八月棉花干。花开天下暖,花落天下寒。"

　　棉花属锦葵科,原产热带,是多年生灌木,后来经过引种驯化成为一年生草本作物。茎直立,分生营养枝于基部,上部为结果枝。花腋生,会自动变色,初开白色,继而黄色,午后红色,次日紫红色,临谢灰褐色。蒴果如桃,俗称"棉桃"。成熟开裂,吐絮似雪,中间藏种子。经过轧花加工,称为皮棉,用于纺纱织布。绒毛的长短标志着棉花的优劣。

　　棉花一般是白色的,经过染色才能织出五颜六色的花布。秘鲁发现了一种具有白色、米色、褐色、紫色、灰色五种天然颜色的棉花品种。苏联科学家用杂交的方法育成了红色、绿色、蓝色、黄色等20多种有色棉花。如果大量种植有色棉花,就可以直接织出五颜六色的花布。

　　棉花的绒毛除纺纱,还是制造炸药、塑料和药棉的重要原料。种子仁可榨油,称棉籽油,也可以直接食用。棉茎韧皮纤维可制绳和造纸。棉花的根皮还可入药,有强壮身体、镇静精神的功效。

棉花为锦葵科棉属,棉属由四个栽培棉种组成,即亚洲棉、非洲棉、陆地棉(细绒棉)、海岛棉(长绒棉)

茶

中国是世界上最早种茶、制茶、饮茶的国家,在我国茶树栽培已有几千年的历史。世界各国的茶树栽培、制茶技术、饮茶习惯,都是从中国传去的。在云南普洱市有棵"茶树王",高13米,树冠32米,已有1 700年的历史,是现存最古老的茶树。世界第一部关于茶的科学专著《茶经》,是唐朝陆羽所写,他是世界上第一位茶叶专家。

茶又名"茗",属山茶科,常绿灌木。嫩叶背生白色茸毛,称为"白毫",成熟自落,是评价茶叶优劣的标志之一。色泽翠绿,白毫似雪的茶叶是茶中上品。

茶叶的种类很多,市场上以采制工艺和品质特点结合外形差别来分,有绿茶、红茶、花茶、乌龙茶和紧压茶五大类。

我国名茶很多,中外著名的有十大名茶:西湖的"龙井",太湖的"碧螺春",黄山的"毛峰",湖南的"君山银针",安徽的祁门红茶、六安瓜片,河南的信阳毛尖,贵州的都匀毛尖,武夷的岩茶,闽南的"铁观音",等等。

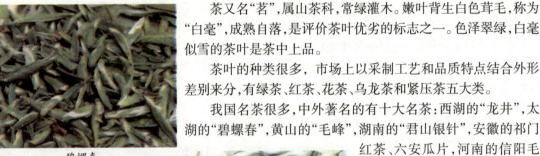

碧螺春

中国是茶的故乡,制茶、饮茶已有几千年历史。茶有健身、治疾之药物疗效,又富欣赏情趣,可陶冶情操

白毫银针

茶的营养价值很高,含有丰富的维生素和矿物质,还具备多种功效的医药成分。如:咖啡碱和茶碱有兴奋中枢神经系统、利尿、降低胆固醇和防止动脉粥样硬化的作用;单宁有消炎抗菌的作用。经常饮茶的人,对辐射、癌症、慢性支气管炎、痢疾、肠炎、贫血及心血管疾病等有较好的抵抗能力。茶叶中的多种维生素有保护肌肤的作用,所以称为"保健饲料"。中国的乌龙茶被日本誉为"美貌和健康的妙药"。

我国先人观察到,茶树只能用茶籽繁殖后代,因此在古代婚娶中用茶叶作聘礼,把茶花作为女子的美称,以茶树象征坚贞的爱情和永恒的友谊。

龙井

姬凤梨

　　姬凤梨又称紫锦凤梨、锦纹凤梨、海星花,为凤梨科姬凤梨属,多年生常绿草本观叶植物。

　　姬凤梨是凤梨中株型较小的一种,株高约 10 厘米。几乎无茎,外轮叶腋间具有匍匐茎。叶片丛生,莲座状排列,呈星形;叶呈椭圆状披针形,反卷,质硬,边缘波状,具皮刺,呈灰绿色,上有黑绿色点,叶背有银白色鳞片。花呈白色,聚成近无柄的花序,隐于莲座状叶丛中,四季均可开放。

　　姬凤梨原产于巴西,为热带森林中的地生或附生植物。性喜高温、高湿及半阴环境,生长适温为 20℃至 30℃,越冬温度为 5℃。

　　姬凤梨通常用分株繁殖和扦插繁殖。分株一般在春季换盆时进行,将子株从母株基部剥下,分别上小盆种植,放阴湿处养护一段时间。扦插一般于气温较高的夏秋季时进行,取茎的上部一段,扦插于河沙或珍珠岩中,保持一定湿度,2 周至 3 周后可生根上盆。

姬凤梨夏季遮阴养护,室内摆设可放置于南窗具有散射光的地方

　　姬凤梨盆栽以腐叶土和河沙等量混合作为基质,亦可用附生植物如苔藓等作为盆栽基质。种植时加少量骨粉或复合肥为作基肥,并注意盆底垫好排水层。它得莲座叶片扁平,叶筒中贮存水分少,耐干旱能力较差,生长季要注意多向叶面喷水。姬凤梨生长常要求有明亮的光照,但强烈的阳光也会使叶片焦黄,失去光泽。

姬小凤梨

　　姬凤梨株型矮小,显得小巧玲珑。叶片色彩及花纹丰富多彩,华丽富贵,是一种难得的袖珍型观叶植物,观赏价值颇高。可用较小的浅盆栽植,或作为瓶景的植物材料种植于瓶中,也可作为附生植物栽植于假山、假树或多孔的花盆中。置于室内有明亮光线的书房、窗台美化装饰,十分雅致美丽。

栀子花

栀子花别名黄栀子、白蟾花等,为茜草科常绿灌木或小乔木,原产我国中部,现在各地广泛栽培。我国栽培栀子花历史悠久,17世纪至18世纪,栀子花被引进欧洲,引起当地园艺家和花卉爱好者的兴趣,19世纪初期又传至美国。经过不断培育,栀子花出现了许多新品种,如重瓣的冬开种、四季开花的盆栽种、专门作为切花用的品种,以及叶上有黄白斑纹的单瓣、重瓣品种等。

栀子花株高1米至2米,根呈淡黄色,茎多分枝。单叶对生,少数3叶轮生,革质,光亮,呈长椭圆形,全缘。托叶膜质,通常2片连合成筒状,包围小枝,花大,呈白色,具短梗,有香气,单生于枝端或叶腋。花萼呈绿色,圆筒状,基部渐窄,先端有数裂片,筒部与裂片几近等长。花冠开放后呈高脚碟状,通常6瓣,也有5瓣或7瓣。蒴果呈倒

栀子花、叶、果皆美,花芳香四溢,可以用来熏茶和提取香料;果实可制黄色染料;根、叶、果实均可入药;栀子木材坚实细密,可供雕刻

卵形或椭圆形,熟时呈金黄色或橘红色,有翅状纵棱5条至8条,顶端有5条至8条窄披针形宿存花萼,长与果体几近相等。种子多数呈扁圆形,黄白色。花期为5月至6月,果熟期为11月至12月。

康乃馨

　　康乃馨属石竹科多年生草本植物。原产于地中海沿岸,喜凉爽和阳光充足的环境,不耐炎热、干燥和低温。花期为4月至9月,保护地栽培四季开花。名字是英文的音译,是当今风行全球的名花之一。株高70厘米至100厘米,株形似竹,枝茎有节,叶呈粉绿色,花瓣如绢,镶边叠褶,匀称地包卷在筒状的花萼内,形态异常优美,花色丰富多彩,有的白里透红,有的红中带紫,有的七彩斑斓。当盛开之时,真有"谁怜芳最久,春露到秋风"的情景,受到全世界许多花迷的赞赏。

　　康乃馨必须植于开放且具全日照的地点,种植地宜富含腐植质、排水性、中性至碱性土壤。

　　康乃馨含人体所需多种微量元素,能改善血液循环,促进肌体的新陈代谢。

康乃馨花瓣如绢,镶边叠褶,匀称地包卷在筒状的花萼内,形态异常优美,花色丰富

菊 花

菊花，又名节华、秋菊、女华、黄菊花，属菊科。菊花有 30 余种，中国原产 17 种，主要有野菊、毛华菊、甘菊、小红菊、紫花野菊、菊花脑等。菊花为多年生草本植物。喜凉爽、较耐寒，在微酸性至微碱性土壤中皆能生长。菊花为短日照植物，每天 12 小时以上的黑暗与 10℃的夜温适于花芽发育。 菊花株高 20 厘米至 200 厘米，茎呈嫩绿色或褐色，基部半木质化，单叶互生，卵圆至长圆形，边缘有缺刻及锯齿，头状花序顶生，舌状花为雌花，筒状花为两性花。舌状花分为平、匙、管、畸四类。筒状花发展成为具各种色彩的"托桂瓣"，花色有红色、黄色、白色、紫色、绿色、粉红色、复色、间色等。

菊花为菊科菊属的多年生宿根草本植物，每年冬季地上部茎叶枯死，翌年春季地下根、侧芽、地下匍匐茎又会萌发成新的植株，具有自然复壮的功能

水 仙

水仙属石葱科,多年生草本植物,鳞茎生得颇像洋葱、大蒜,故六朝时称"雅蒜",宋代称"天葱"。之后,人们还给它取了不少巧妙、美丽的名字,如金盏银台、俪兰、雅客、凌波仙子等。水仙为我国十大名花之一,我国民间的请供佳品,每过新年,人们都喜欢请供水仙,点缀作为年花,因水仙只用清水供养而不需土壤来培植。其根,如银丝,纤尘不染;其叶,碧绿葱翠;其花,犹如金盏银台,高雅绝俗,婀娜多姿,清秀美丽,洁白可爱,清香馥郁,且花期长。水仙分单叶、千叶两种。千叶水仙花瓣折皱,下黄上白,又称玉玲珑。单叶水仙由六片白色花瓣围成一个深黄色的酒杯状花冠。

水仙鳞茎的浆汁有毒,水仙花的鳞茎内含有拉丁可毒素,人误食后,会引发呕吐、肠炎等,叶和花的汁液能引起皮肤过敏、红肿痒痛。

水仙花是点缀元旦和春节最重要的冬令时花,其碧叶如带,芳花似杯,幽香沁人肺腑,常用清水养植,被人们称为"凌波仙子"

荷花

荷花，又名莲花、芙蕖、水芝、水芙蓉、莲，属莲科，多年生水生植物。根茎(藕)肥大多节，横生于水底的泥中。叶盾呈圆形，表面呈深绿色，披蜡质白粉，背面呈灰绿色，全缘并呈波状。叶柄呈圆柱形，密生倒刺。花单生于花梗顶端，高托水面之上，有单瓣、复瓣、重瓣及重台等花型；花色有白色、粉色、深红色、淡紫色或间色等；雄蕊多数；雌蕊离生，埋藏于倒圆锥状海绵质的花托内，花托表面有很多散生蜂窝状孔洞，受精后逐渐膨大成为莲蓬，每一孔洞内生一小坚果——莲子。花期6月至9月，每日晨开暮闭。果熟期9月至10月。荷花栽培品种很多，依用途不同可分为藕莲、子莲和花莲三大类。

荷花花大叶丽，清香远溢，出淤泥而不染，深受人们喜爱，是园林中非常重要的水面绿化植物。荷花全身皆宝，藕和莲子能食用，莲子、根茎、藕节、荷叶、花及种子的胚芽等都可入药，可治多种疾病

紫云英

紫云英，又名红花草、翘摇，豆科黄耆属，是我国稻田主要的绿肥作物。紫云英为一年生或越年生草本植物。主、侧根较为发达，茎呈圆柱形，中空，有疏茸毛，后期匍匐。叶为奇数羽状复叶，小叶全缘，呈倒卵形或椭圆形，顶部有浅缺刻，基部楔形，叶面有光泽，呈黄绿色，背面呈灰白色，疏生茸毛。花红紫色，偶有白色，簇生在花梗上，呈伞形花序，腋生或顶生。荚果两列，合成三角形，稍弯，无毛，顶端有喙，基部有短柄，成熟时呈黑色。每荚含种子4粒至10粒，呈肾形，种皮光滑，呈黄绿色或黄褐色，千粒重3克至3.5克。

紫云英俗称红花草。奇数羽状复叶，总状花序近乎伞形，簇生近十朵小花，花萼呈钟状，花冠蝶形，紫多白少，淡雅中蕴藏着热烈

杜鹃

杜鹃,又名映山红、满山红、山踯躅、红踯躅、山石榴等,属杜鹃花科,常绿或落叶灌木。植株低矮,形态自然。枝叶上常生腺鳞。叶互生,呈卵状椭圆形。花单生或呈总状花序,花冠呈钟状或阔漏斗状,通常五裂,色彩因种类不同而有红色、黄色、白色、紫色、粉红色等,一般春杜鹃在四月开花,夏杜鹃在五六月开花。蒴果,种子数多而细小。杜鹃花原产于我国,马来半岛及亚洲南部高山亦有分布。我国四川、云南、贵州山区常绿杜鹃种类极为丰富,落叶杜鹃从东北到华南都有分布。天然群落分布于高山,生长在阴坡上,属半阴性植物。喜生于气候凉爽、空气湿度大、酸性土壤的环境,也耐贫瘠,但不耐积水。杜鹃分为常绿杜鹃与落叶杜鹃两大类。依花期不同又分为春杜鹃和夏杜鹃。由于自然和人工杂交育种,栽培品种有八百余种,为世界著名的观赏植物。我国的杜鹃闻名于世界,与报春花、龙胆有"三大高山花卉"的盛誉。

杜鹃花或白,或红,或黄,或紫,叠锦堆秀,艳美缤纷,被誉为"花中西施"

玫瑰

　　玫瑰原名徘徊花,原产于我国、朝鲜及日本,是蔷薇科的落叶灌木。其品种繁多,可谓花中最大家族。玫瑰常生于我国中部至北部的低山丛林中,现庭园中多有栽培。玫瑰花性温、味甘,有理气解郁、活血散瘀之功效,主治肝胃气痛、久风痹、喀血吐血、月经不调、赤白带下、痢疾、乳痈、肿毒等。

　　玫瑰高可达 2 米,茎上有密生的刚毛,小叶 5 枚至 9 枚,呈椭圆形或椭圆状倒卵形,长 2 厘米至 5 厘米,叶表面有光泽,有皱纹,叶背面略有短柔毛,叶柄有刺花单生或数朵聚生,果实扁球形。玫瑰原产于温带,喜阳光,在阴湿地带生长不良,每天要有 6 小时以上的光照才能正常生长开花,但在夏天高温季节,可减少到 4 小时或 5 小时。野生玫瑰开花不多,生长较快,1 年平均能长高 60 厘米至 70 厘米,最高 120 厘米至 150 厘米。野生玫瑰每年只开花一次,常在长出 5 片小叶时出花蕾,第一个花蕾形成出现后,第二、三个花蕾也慢慢地萌发出来。根为浅根,粗硬,易生蘖芽。

玫瑰喜阳光充足,耐寒,耐旱。在肥沃、疏松、排水良好的中性或微酸性砂质土中生长良好

郁金香

郁金香,别名洋荷花、草麝香、郁香,百合科,郁金香属,多年生草本,鳞茎扁圆锥形,具棕褐色皮膜。茎叶光滑。叶3枚至5枚,呈椭圆状披针形或卵状披针形,长10厘米至21厘米,宽1厘米至6厘米;基生者2枚至3枚,较宽大,茎生者1枚至2枚。花单生茎顶,大形直立,林状,呈洋红色,基部常呈黑紫色,花期 3 月至 5 月。株高因品种不同有高、中、矮的区别,通常在30厘米至50厘米,每株有叶3片至5片,基生,呈

阔披针形至卵圆形,边缘有波纹。花6瓣,呈杯形,直立单生于茎端。花有单瓣、重瓣之分,颜色有白色、黄色、红色、紫色等之别, 还有单色花或复色花。花瓣形状有全缘、锯齿、皱边等变化。蒴果室背开裂,种子扁平。郁金香栽培品种极多,有8 000余种。花形有杯形、碗形、卵形、球形、百合花形、重瓣形等。花期分早、中、晚。品种虽极为丰富,但同风信子一样,在我国许多地方栽培不易成功,也常退化。

郁金香原产于伊朗和土耳其高山地带,形成适应冬季湿冷和夏季干热的特点。喜温暖、湿润,夏季凉爽、稍干燥的环境。宜栽培于富含腐殖质、排水良好的沙壤土

原产地中海沿岸及中亚、土耳其等地。荷兰栽培甚为著名,成为商品性生产。我国各大城市有少量栽培。

桃

桃,属蔷薇科,落叶小乔木,树皮呈棕红色。单叶互生,具托叶,叶片呈卵状披针形或长圆状披针形,边缘有细锯齿,叶柄长1厘米至2厘米。花单生,先叶开花,近无柄;萼5裂;花瓣有5瓣,呈粉红色;雄蕊多数;有一个心皮,子房上位。核果呈卵球形,直径5厘米至7厘米,有沟。原产于我国,在陕西、甘肃、西藏及河南西部有野生桃存在。栽培起源很早,我国古籍《诗经》《尔雅》等书中已有桃的记载,所以至少有3 000年栽培史。著名品种有河北深州水蜜桃,山东肥城桃,上海水蜜桃,以及日本、美国品种大久保、白凤等。果为著名水果,可生食或制罐头、桃脯。

桃果味道鲜美,营养丰富,是人们最为喜欢的鲜果之一。桃树很多部分还具有药用价值,其根、叶、花、仁可以入药,具有止咳、活血、通便等功效

苹果

　　苹果原产于欧洲、中亚和土耳其一带,19世纪传入中国, 现华北、东北、华中等地广泛栽培。9月至10月,果熟采收。性味归经:甘、酸、凉;归脾、肺经。中医认为苹果有生津、润肺及除烦解暑、开胃、醒酒、止泻的功效;现代医学认为苹果对高血压的防治有一定的作用,但多食令人腹胀,故不可多食。苹果中含有葡萄糖、果糖、蛋白质、脂肪、维生素C、维生素A、维生素E、磷、钙、锌、苹果酸、柠檬酸、酒石酸、钾、钠等。

　　苹果表面光洁,色泽鲜艳,清香宜人,味甘甜,略带酸味。苹果的种类很多,有红香蕉苹果、红富士苹果、黄香蕉苹果等。苹果是世界上栽种最多,产量最高的水果之一,是营养丰富的大众化水果。

　　苹果中含的钾能与人体内过剩的钠结合,使之排出体外,因此当你摄入得盐过多时,可吃些苹果。苹果所含的营养既全面又易于被人体消化吸收,常适于婴幼儿、老年人和病人食用。

苹果的营养很丰富,含有多种维生素和酸类物质。1个苹果中含有黄酮类化合物约30毫克,苹果中含有15%的碳水化合物及果胶,维生素A、维生素C、维生素E及钾和抗氧化剂等含量也很丰富

西瓜

　　西瓜是葫芦科植物,原产于非洲热带,南极洲之外各大洲均有栽培。远在4 000年前,古代埃及人就开始栽培西瓜。西瓜在我国已有1 000多年的栽培历史,约于公元10世纪(五代十国时期)由西域传入中国,先在今新疆境内栽培,后传入其他地方,因瓜种来自中国西部,所以得名西瓜。

　　西瓜藤匍匐在地上生长,有分枝的卷须,叶深裂。花单生于叶腋,呈淡黄色,单生。果肉甜而多汁,有红色、白色、黄色等。西瓜的大小、形状、果肉颜色和果皮厚度因品种而异,重量为1千克至20千克,每个植株能产瓜2个至15个。含维生素A和维生素C。通常生食,西瓜皮可以腌食。

　　人们使用一种生物碱来处理西瓜种子或涂抹于西瓜的幼芽上,获得四倍体西瓜植株的种子。然后再种植四倍体西瓜,用普通西瓜作父本,四倍体西瓜作母本,进行杂交,从而获得三倍体西瓜种子。三倍体植株上的雄花花粉失去了机能,将三倍体种子与普通二倍体种子混种,使二倍体西瓜的花粉授到三倍体植株的雌花上,得到的就是无籽西瓜。

　　西瓜是盛夏酷暑季节解暑纳凉的佳品。西瓜的水分含量为96.6%,西瓜所含大量的水分进入人体,可稀释呼吸器官黏液,有利于机体组织的分泌和排泄,并可驱暑散热、生津止渴

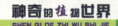
无花果

　　无花果属桑科,因花小,藏于花托内,又名隐花果。原产于西亚,唐代前后传入我国,史籍称"阿驿",维吾尔语称"安吉尔"。无花果含有较高的果糖、果酸、蛋白质、维生素等成分,有滋补、润肠、开胃、催乳等作用。在塔里木盆地大量栽培,阿图什种植最多。鲜果甘甜多汁,味芳香,堪与岭南香蕉和奶油椰丝美,除鲜果入市,还可做成果干和果酱。果树雌雄异花,花隐于囊状花托内,外观只见果而不见花,故得此名。果形扁圆,果皮黄色,果肉细软,营养丰富,果味甘甜如蜜。果实除食用,还可健胃清肠,消肿解毒。无花果的果实极为鲜嫩,不易保存和运输,多用以晒制果干。

　　无花果抗旱耐盐,好氧忌渍。枝条生长快,分枝少,每年仅枝端数芽向上、向外延伸。新梢上除基部数节,每个叶腋间多数能形成2个至3个芽,其中一个圆大者为花芽。进入结果期后,除徒长枝,几乎树冠中所有的新梢都能成为结果枝。

　　无花果气味芳香,味道甜美,营养丰富,亦有健胃、清肠、消肿、解毒之功效。无花果可降低高血压,延缓衰老,消除肌体疲劳,提高免疫力,具有明显的抗癌和降低化疗引起的毒副作用的功效

鸡蛋果

鸡蛋果，俗名百香果，原产于南美洲，因其果汁散发出香蕉、菠萝、柠檬、草莓、蟠桃、石榴等多种水果的浓郁香味而被誉为"百香果"，也是其英文名的音译，在国外还有"果汁之王""摇钱树"等美称。

鸡蛋果的果实为紫红色，艳丽多彩，气味芳香，浓郁甘美的果汁，富含人体所需的 17 种氨基酸及多种维生素、微量元素等 160 多种有益成分，是各水果和蔬菜之冠，故被誉为"果汁之王"，有消除疲劳、美容养颜、滋补健身、滋阴补肾、提神解酒、降脂降压等功效。

鸡蛋果的果实含有丰富蛋白质，糖，维生素和磷、钙、铁、钾等多种化合物，以 17 种氨基酸，营养价值很高

番木瓜

番木瓜，又名万寿果，是岭南四大名果之一，素有"岭南果王"的称号。原产于墨西哥，17世纪时传入我国，现广东各地均有栽培，且以广州市郊最为集中。

番木瓜是番木瓜科常绿软木性乔木，与香蕉、菠萝统称"热带三大草本果树"。广州所产较好的品种有岭南种、穗中红、泰国红肉等，品质以岭南种为最佳。果形长圆丰满，肉厚籽少，有桂花香味。果实硕大，其果重1千克至2千克，大的可达6千克至7千克。果鲜食，口味美好，营养丰富；还可炖食，冰糖炖番木瓜可清心润肺，医治喉炎等疾患；未成熟的番木瓜可糖渍，做成蔬菜煲汤食用，或腌制成"咸酸番木瓜"。

番木瓜的营养价值很高，除含有蛋白质、脂肪、糖类、膳食纤维、维生素B族、维生素C及丰富的矿物质，还含有木瓜酵素

菠萝

菠萝是一种原产于中美洲、南美洲的热带果树。目前，菠萝已广泛分布在南北回归线之间，成为世界重要的果树之一。在我国，主要栽培地区有广东、海南、广西、台湾、福建、云南等省（自治区）。

菠萝属凤梨科凤梨属，多年生草本果树植物，生长迅速，生产周期短，年平均气温 23℃以上的地区终年可以生长。

菠萝果实营养丰富，果肉中除含有还原糖、蔗糖、蛋白质、粗纤维和有机酸，还含有人体所需的维生素 C、胡萝卜素、维生素 B_1、烟酸等维生素，以及易被人体吸收的钙、铁、镁等微量元素。菠萝的果汁、果皮及茎所含有的蛋白酶，能帮助蛋白质的消化，增进食欲。医疗上有治疗多种炎症、消化不良、利尿、通经、驱寄生虫的效果，对神经和肠胃有一定的有益作用。

菠萝含有大量蛋白酶、有机酸、蛋白质、矿物质等。味甘酸，性平。对肾炎性水肿、高血压、支气管炎有疗效

香蕉

香蕉原产于马来西亚、印度和我国南方,距今已有数千年的栽培历史。香蕉属于芭蕉科、芭蕉属、真蕉亚属。事实上,食用蕉包括两个类型,一是鲜食蕉,二是煮食蕉。鲜食蕉包括香蕉、大蕉、粉蕉和龙牙蕉4个类等。因香蕉类型栽培广泛,经济效益好,故常以香蕉作为食用蕉的总称。

香蕉的水分低、热量高,含有蛋白质、脂肪、淀粉、胶质及丰富的碳水化合物(高达20%)维生素 A、维生素 B 族、维生素 C、维生素 E、维生素 P 及矿物质钙、磷、铁、镁、钾等,其中钾的成分为百果之冠,镁的成分亦高,并被证实有防癌之功效。

香蕉性寒,无毒,甘甜柔滑,果肉、果皮、花、根皆可入药,能去热毒、润肺、止渴、清肠、降血压、通血脉、补血、止咳等,可用于防治便秘、胃溃疡、高血压、低血压、贫血、疖肿疮疖、皮肤病、动脉硬化、冠心病、咳嗽、支气管炎、唇干舌燥等,并可稳定情绪、使人心情愉快。

香蕉是高血压患者的首选水果,每天多吃几根香蕉,可使血压保持稳定,如果常年坚持食用,那么对高血压的治疗将起到良好的辅助作用

荔 枝

荔枝又名"丹荔",原产于我国南部,是我国特有的珍果。以色、香、味、形皆美而驰名中外,有"果中皇后"之称。荔枝两字出自西汉,开始栽培荔枝的时代,据考证始于秦汉,盛于唐宋,至今已有两三千年历史。古时历代诗人多题诗作赋,对荔枝备加赞赏和推崇。唐代白居易把荔枝品味比拟为"嚼疑天上味,嗅异世间香。润胜莲生水,鲜逾橘得霜"。荔枝在汉唐以后均作为贡品。《农桑通诀》记载:"汉唐时,命驿驰员洛阳,取子岭南,长安,来于巴蜀,虽日解献传置之途,然腐烂之余,色香味之存者无几。"封建帝王为了享受、品尝新鲜荔枝,不惜劳民伤财,设置专驿,飞骑千里传送鲜荔枝进宫,无怪杜甫诗云:"忆昔南海使,奔腾献荔支。百马死山谷,到今耆旧悲。"宋代苏东坡更把人们嗜食鲜荔枝的心情概括成"日啖荔枝三百颗,不辞长作岭南人"。

荔枝的肉色洁白晶莹,肉质细嫩多汁,食之香甜清脆滑润,风味之美,确实名不虚传。因此,民间也有"饱经荔枝即神仙"的比喻,但不宜多食。明代徐𤊒的《荔枝谱》,记载的品种多达72个,有些品种如陈紫、丁香等,一直保留到现在。

近百年来,印度、美国、古巴、澳大利亚和非洲一些国家,亦从我国引种了荔枝,但质量均不及我国,故我国的荔枝被誉为"果中之王"。

荔枝以果形别致、颜色悦目,果肉状如凝脂,甘软滑脆、清甜浓香、色味具佳而著称,优良品种有糯米糍、桂味、妃子笑、挂绿等

龙眼

　　龙眼，又称桂圆，为中国南方水果，多产于广东、广西地区，与荔枝、香蕉、菠萝同为华南四大珍果。树高通常为10余米，叶长而略小，开白花，成实于初秋。果实累累而坠，外形圆滚，如弹丸略小于荔枝，皮呈青褐色。果实去皮则剔透晶莹偏浆白，隐约可见内里红黑色果核，极似眼珠，故以"龙眼"命名。

　　龙眼原产于中国，已有2 000多年的种植历史。因其成熟在8月，8月又称桂月，加上形状是圆的，所以又叫桂圆。现广州白云区、海珠区、增城区、花都区都广种龙眼，其品种有乌圆、石硖、水眼、米仔眼、圆眼等。

　　我国《临床中药学》《中药学》和日本《农业技术大系》这些资料中记载，龙眼（果肉100克）中含全糖12%至23%、葡萄糖26.91%、酒石酸1.26%、蛋白质1.41%、脂肪0.45%、维生素C 163.7毫克、维生素K 196.6毫克，还有维生素B_1、维生素B_2、维生素P等。果干肉每百克含蛋白质5.3克、糖分74.6克、铁35毫克、钙2毫克、磷110毫克、钾1 200毫克，还有多种氨基酸、皂苷、甘氨酸、鞣质、胆碱等，这是构成滋补强壮的资质来源。龙眼有补血、益智、健脾、养颜、安神的作用。

　　龙眼鲜食，肉质鲜嫩，色泽晶莹，鲜美爽口。连壳的龙眼还可加工焙晒成龙眼干（桂圆肉），是一种具有镇静、滋补功能的药材。龙眼可以滋阴补肾、补中益气、润肺、开胃、益脾，可用于治疗病后虚弱、血虚萎黄、神经衰弱、产后血亏等

黄瓜

黄瓜,又名胡瓜,原产于印度,西汉张骞出使西域时把它引入我国。现代科学实验证明,黄瓜含水分98%,并含有少量的维生素 C、胡萝卜素、蛋白质、钙、磷、铁等人体所需的营养元素。

黄瓜为一年生攀缘性草本植物,根系较弱,再生能力与吸收力较差,根系主要分布在上层较温暖的土壤中。雌雄同株、异花,雄花丛生,雌花单生,子房上位。种子长卵形,扁平,呈黄白色,千粒重 32 克至 42克,使用年限 1 年至 2 年。

黄瓜性喜温暖,不耐寒也不耐热。全生育期一般为 100 天至 130 天,分为发芽期、幼苗期、抽蔓期和开花结果期。生长发育最适温度为 25℃左右,高于 35℃会出现生理失调,低于 10℃会引起生理紊乱。黄瓜要求比较湿润的土壤和空气环境,但既不耐旱也不耐涝,在疏松肥沃,pH 6.5 至 pH 7.0的砂质土中栽培产量高,品质好。

黄瓜不仅含有较高的营养价值,而且有许多药用价值和美容的作用

番 茄

　　番茄原产于南美洲的安第斯山脉一带,至今仍有大面积野生种分布。番茄大约于17世纪传入菲律宾,后传到亚洲其他国家。中国栽培的番茄是明万历年间从欧洲或东南亚传入的。番茄引种之初长期作为观赏植物,直到19世纪中后期才进入菜圃,20世纪初上海等大城市的郊区开始栽培食用。大规模发展是20世纪50年代以后,现已成为中国的主要蔬菜之一。番茄可作为水果生吃,又可作为蔬菜烧汤,还可制酱,制汁,加工罐藏。番茄的多用途性,使其在市场上的地位与日俱增。

　　番茄的营养素含量一般。就维生素C含量而言,100克鲜果中为19毫克左右。但由于习惯生吃,且食用量大,因此仍不失为维生素C的一个重要来源。研究指出,番茄含有丰富的黄酮类化合物,如番茄红素就是具有营养活性的黄酮类化合物,具有预防心血管疾病和肿瘤的功效。

　　番茄具有独特的抗氧化能力,可以清除人体内导致衰老和疾病的自由基,预防心血管疾病的发生,阻止前列腺的癌变进程,并可有效减少胰腺癌、直肠癌、喉癌、口腔癌、乳腺癌症的发病概率

桑

　　桑是中国古代重要的经济林木之一，它最主要的价值在于养蚕。中国是世界蚕业的起源地，最初可能是采集野生桑叶喂蚕，后来随着蚕业的发展而过渡到人工种桑。《诗经》所载各种植物中，桑出现的次数最多，超过主要粮食作物。从诗中可以看出，当时既有大面积的桑林、桑田，亦广泛在宅旁和园圃中种桑，桑的分布遍及黄河中下游地区，这也是宋以前中国最主要的蚕桑产地和栽桑技术的中心。唐宋以后，南方养蚕业赶上并超过北方。随着养蚕业的发展，南方的栽桑技术亦逐步改进。南方的蚕农选育了多种优良的桑品种，桑的繁殖和栽培管理等技术，包括施肥、中耕、除草、修剪、整枝等都达到较高的水平。和蚕桑发展的区域相适应，中国古代桑的品种也形成南北两个中心。南北朝以前，山东是蚕桑业很发达的地方，古籍中常说到的鲁桑，就是山东地区多种桑品种的总称。《齐民要术》中

说："黄鲁桑不耐久。谚曰：'鲁桑百，丰绵帛。'言其桑好，功省，用多。"这里说的黄鲁桑，就是鲁桑中的一个丰产、叶质优良的品种。从宋代起，全国蚕桑业重心已移到杭嘉湖一带。出现了众多的桑优良品种，统称湖桑。

桑叶可用来养蚕、做药、做饲料等，用途广泛。桑葚既是食品，又是药品，营养丰富，酸甜可口，具有生津止渴、祛病强身多种功效

芦荟

芦荟,名字由阿拉伯语"allcoh"演变而来,是一种民间药草,自古以来深受人们喜爱。"芦"中文意为黑色,而"荟"是聚集的意思。芦荟叶子切口滴落的汁液呈黄褐色,遇空气氧化就变成黑色,又凝为一体,所以称作"芦荟"。芦荟的历史悠久,早在古埃及时代,其药效便被人们接受、认可,称其为"神秘的植物"。芦荟是百合科,多年生常绿多肉质草本植物。叶簇生,呈座状,生于茎顶,叶常呈披针形且短宽,边缘有尖齿状刺。花序有伞形、总状、穗状、圆锥形等,颜色呈红色、黄色或具赤色斑点,有花瓣六片、雌蕊六枚,花多被基部连合成筒状。

芦荟有消炎、杀菌、抗病毒、促进伤口愈合、提高免疫力等作用,是一种神奇的植物

冬虫夏草

　　冬虫夏草是虫和草结合在一起生长的一种奇特的东西,冬天是虫子,夏天从虫子里长出草来。虫是蝙蝠蛾的幼虫,草是一种真菌。夏季,虫子将卵产于草丛的花叶上,随叶片落到地面,经过一个月左右的孵化变成幼虫,便钻入潮湿松软的土层。土层里有一种虫草真菌的子囊孢子,它只侵袭那些肥壮、发育良好的幼虫。幼虫受到孢子侵袭后钻向地面浅层,孢子在幼虫体内生长,幼虫的内脏就慢慢消失了,体内变成充满菌丝的一个躯壳,埋藏在土层里。经过一个冬天,到第二年春天来临,菌丝开始生长,到夏天时长出地面,长成一根小草,这样幼虫的躯壳与小草共同组成了一个完整的冬虫夏草。

　　冬虫夏草是我国青海省的名贵特产,也是历史悠久的传统出口商品,青海省的产量约占全国的40%。冬虫夏草是一种名贵而又奇异的中药材,是我国民间传统的滋补药材,与人参、鹿茸并列被誉为"三大补品"。据现代药理学研究,冬虫夏草含有调节人体机能的多种成分,具有补肺、益肾、治虚损、止血化痰等功效。其中所含的冬虫夏草菌素在组织培养中,对人鼻咽癌细胞的生长有抑制作用,长期服用能增强机体的抗病能力。

　　冬虫夏草在我国垂直分布于海拔3 300米至5 000米的高山峡谷中上段及青藏高原的高原地带,主要产区为高山雪线附近的高寒灌丛草甸和高山草甸

咖啡

咖啡是一种经济价值很高的饮料作物,与可可、茶叶并称为世界三大饮料,产量和消费量则居三饮料之首。原产于非洲热带地区。由于含有丰富的蛋白质、脂肪、蔗糖,以及淀粉、葡萄糖、咖啡碱等物质,香气浓郁,滋味可口。

咖啡原产于埃塞俄比亚西南部的高原地区,据说是一个牧羊人发现羊吃了一种植物后,变得非常兴奋活泼,因此发现了咖啡。也有说法是由于一场野火,烧毁了一片咖啡林,烧烤咖啡的香味引起周围居民的注意。人们最初咀嚼这种植物果实以提神,后来烘烤磨碎掺入面粉做成面包,作为勇士的食物,以提高作战的勇气。

直到1000年左右,人们才开始用水煮咖啡作为饮料。13世纪时,埃塞俄比亚军队入侵也门,将咖啡带到了阿拉伯地区。因为伊斯兰教义禁止教徒饮酒,有的宗教界人士认为这种饮料刺激神经,违反教义,曾一度禁止并关闭咖啡店,但埃及苏丹认为咖啡不违反教义,命令开禁,咖啡迅速在阿拉伯地区流行开来。咖啡种植、制作的方法也被阿拉伯人不断地改进并逐渐完善。

咖啡含脂肪、蛋白质、碳水化合物、矿物质、多种维生素及咖啡因(咖啡因对人的大脑皮层能起兴奋作用)。喝上一杯咖啡,有助消化、提神醒脑、解除疲劳之功效

小麦

　　小麦是禾本科小麦属植物，是最古老也是最重要的谷物作物之一。叶窄长，茎多中空，花穗顶生，每穗含小花20朵至100朵。每2朵至6朵集生成一小穗，通常只有两三朵花能结籽。早在九千多年前，人类就已经在幼发拉底河流域种植这类禾草。现已知小麦品种数以千计，如普通小麦适于制作面包，硬粒小麦适于制作意大利面食，紧粒小麦适于制作糕点和家庭面粉，等等。小麦适应多种气候和土壤条件，但最适于降雨量300毫米至900毫米的温带地区。分冬小麦和春小麦两种类型，根据冬季严寒的程度决定种植何种类型。冬小麦在秋天播种，春小麦在春天播种。小麦麦粒浸泡后可煮粥、汤或做布丁。大多数用于制作食品的小麦需要更多的加工，方法是，先将小麦洗净，加水使之容易破碎，然后碾磨，并通过一系列滚筒。较小的颗粒被筛出，即我们见到的面粉；较粗的颗粒移到其他滚筒进一步磨碎；剩余的残渣其实就是小麦粒表面的一层皮，称为麦麸。面粉的出粉率约为72%，出粉率越高面粉越黑。麦麸可以用来做酒、当饲料等。麦麸和胚芽中含有很多营养成分，面粉加工会使这些营养成分减少，因此人们用全部籽粒磨出全麦粉，但这种面粉因为含有胚芽油不易长时间存放。小麦是人类的主要食品，全世界小麦播种面积多于其他任何粮食作物。中国是小麦产量最多的国家。种植小麦一般约留10%作为种子，其余大部分食用，少部分用于工业生产，如制作淀粉、酒精、葡萄糖等。

　　小麦籽粒含有丰富的淀粉、较多的蛋白质、少量的脂肪，还有多种矿物质元素和维生素B族

水 稻

稻、黍（黄米）、稷、麦、菽（豆）称为"五谷"。稻为五谷之首，是我国的主要粮食作物，约占粮食作物栽培面积的1/4。世界上有一半人口以大米为主食。

我国是世界上水稻栽培历史最悠久的国家。考古工作者在浙江省余姚市河姆渡发掘证明，在六七千年前这里已生产稻谷，比世界上种稻较早的泰国还早1 000多年。美洲人种稻还是近500年的事。1493年，哥伦布第二次来到美洲，从西班牙运去稻种，美洲人才第一次尝到大米的味道。

水稻是一年生禾本科植物。茎秆直立，空心有节，叶片狭长而坚韧，叶鞘有茸毛。圆锥形花序，每个稻穗有100个至200个小穗（颖花），结的颖果就是稻谷。

在不同的温度条件影响下，水稻分化形成籼稻和粳穗两个地理气候生态型，又在不同的日照条件下分化形成三种季节气候生态型——早稻、中稻和晚稻。每个又有黏稻和糯稻两个变种。黏稻和糯稻主要区别是淀粉的性质不同。黏稻的直链淀粉多，糊化较难；糯稻的支链淀粉多，糊化容易。

水稻通常种植在浅水中，但并不是水生植物。田里的水除供给水稻充足的水分，还可保持水稻在稳定的温度下生长。水稻对温度的变化十分敏感，而水的吸热和散热都比较慢，可为水稻提供稳定的温度条件。

水稻为五谷之首，是我国最主要的粮食作物，其播种面积约占我国粮食作物栽培面积的 1/4。我国是世界上最大的产稻国，稻谷产量约占世界总产量的近 1/3